Mario Ludwig

Genial gebaut!

Mario Ludwig

Genial gebaut!

Von fleißigen Ameisen und anderen tierischen Architekten

Die Deutsche Nationalbibliothek verzeichnet diese Publikation
in der Deutschen Nationalbibliografie; detaillierte bibliografische Daten
sind im Internet über http://dnb.d-nb.de abrufbar.

Der Konrad Theiss Verlag ist ein Imprint der WBG

© 2015 by WBG (Wissenschaftliche Buchgesellschaft), Darmstadt
Die Herausgabe des Werkes wurde durch die Vereinsmitglieder der WBG ermöglicht.

Lektorat: Alessandra Kreibaum, Leinfelden-Echterdingen
Gestaltung und Satz: Melanie Jungels, scancomp GmbH, Wiesbaden

Einbandabbildung: Ameisenteam mit Holzstück © Antrey – Fotolia.com
Einbandgestaltung: Harald Braun, Berlin

Gedruckt auf säurefreiem und alterungsbeständigem Papier
Printed in Germany

Besuchen Sie uns im Internet: www.wbg-wissenverbindet.de

ISBN 978-3-8062-3145-8

Elektronisch sind folgende Ausgaben erhältlich:
eBook (PDF): 978-3-8062-3197-7
eBook (epub): 978-3-8062-3198-4

Inhalt

Einleitung

Tiere als Baumeister? Auf den ersten Blick passen diese beiden Begriffe scheinbar nicht zueinander – aber nur scheinbar. Wie bei uns Menschen findet man auch im Tierreich Stararchitekten, begnadete Baumeister, ausgefuchste Ingenieure sowie geschickte Handwerker. In der Welt der Tiere wird ebenso gebuddelt, gemauert, geklebt, genäht oder geflochten. Und so unterschiedlich wie die Bauart ist das fertige Produkt: Da gibt es Singlewohnungen, Luftschlösser, unterirdische Millionenstädte, gewaltige Wolkenkratzer, Gefängnisse oder Wohnmobile – sogar einen sozialen Wohnungsbau.

Wenn wir an tierische Architekten denken, kommen uns wahrscheinlich zuerst die Nester unserer Vögel in den Sinn – Nester, die unsere gefiederten Freunde zur Ablage ihrer überaus zerbrechlichen Eier und später als Kinderstube für den Nachwuchs benötigen. Dabei sind die Nester, die außen möglichst solide und innen möglichst behaglich sein sollen, in Bauweise und Materialzusammensetzung oft genauso unterschiedlich wie die rund 10 000 bekannten Vogelarten. Jedes Vogelnest bzw. jede Bruthöhle ist ein Kunstwerk für sich: Während Amsel, Fink und Meise für Brutgeschäft und Aufzucht der Jungen auf ein vergleichsweise simples, aber in Vogelkreisen weit verbreitetes Napfnest setzen, kleben Mehlschwalben mit viel Geduld und Spucke Lehmnester unter die Dachtraufen und Torbögen unserer Städte. Apropos Spucke: Das Nest der Salangen, den in riesigen Kolonien brütenden, südostasiatischen Vettern unseres heimischen Mauerseglers, besteht zu 100 Prozent aus dem eigenen Speichel. Ein solches Nest erzielt – als wichtigste Zutat der sogenanntes „Schwalbennestersuppe" – Höchstpreise bei den chinesischen Liebhabern dieser Delikatesse.

Eisvögel graben dagegen metertiefe Bruthöhlen in Uferböschungen. Der Schneidervogel greift zu Blatt und Faden und schneidert sich – nomen est omen – sein tütenförmiges Nest selbst zusammen. Ähnlich geht die Schwanzmeise beim Nestbau vor, die ihre Nester mit einem selbstgebastelten Klettverschluss zusammenhält. Sogar echte Zimmerleute sind in der Welt der Vögel zu finden: Die Spechte, die dank ihres harten Schnabels in der Lage sind, komfortable Bruthöhlen in unsere Waldbäume zu meißeln. Noch einen Schritt weiter geht das Weibchen des Doppelhornvogels, der in den Regenwäldern Südostasiens zu Hause ist. Diese Vogeldame mauert sich zum Schutz vor Fressfeinden selbst in ihre Bruthöhle ein und ist auf den Goodwill ihres Männchens angewiesen, das nach erfolgreicher „Einkerkerung" ganz allein für die Versorgung von Weibchen und Brut verantwortlich ist.

Andere Vögel, wie etwa das Thermometerhuhn, halten dagegen nichts davon, ihre Eier selbst auszubrüten, sondern errichten stattdessen in monatelanger Kleinarbeit riesige Bruthügel, in denen Sonneneinstrahlung und Gärungswärme das Brutgeschäft für sie übernehmen. Die richtige Bruttemperatur können sie dabei mit einer Art Biothermometer im „Schnabel" überprüfen.

Um regelrechte Vogelwohnanlagen, in denen bis zu 150 Familien Platz finden, handelt es sich dagegen bei den Gemeinschaftsnestern der afrikanischen Siedelweber. Die sperlingsgroßen Vögel arbeiten bei Bau, Instandsetzung und Verteidigung ihrer riesigen, oft tonnenschweren Nester eng zusammen – ein sozialer Wohnungsbau der besonderen Art.

Säugetiere gehören im Gegensatz zu den Vögeln sicherlich nicht zur Elite der tierischen Baumeister. Aber wie fast immer gibt es auch hier die berühmten Ausnahmen von der Regel. So errichten amerikanische Präriehunde riesige unterirdische Megacitys, in denen mehrere Millionen Tiere wohnen und leben können. Jede Präriehundefamilie bewohnt dabei ihr eigenes Viertel und verfügt dort – in einer Wohnanlage der Luxusklasse – über Schlafhöhlen, Vorratskammern und sogar Toiletten. Denn auch Präriehunde legen Wert auf Sauberkeit. Für frische Luft in der Megastadt sorgt ein ausgeklügeltes Belüftungssystem.

Und auch unser heimischer Maulwurf hat es sich unter der Erde in einem selbstgegrabenen, raffiniert angelegten Tunnelsystem gemütlich gemacht. Lebensmittelpunkt der kleinen Tiere mit dem samtigen Fell ist der sogenannte Wohnkessel. Von hier aus begibt sich der Maulwurf in extra angelegten Gängen auf die Jagd nach Regenwürmern, die er später in seinen berühmt-berüchtigten Frischfleischspeisekammern deponiert. Was dem Maulwurf sein unterirdisches Reich ist, ist dem Biber seine Burg. Deren Zugänge müssen aus Sicherheitsgründen stets unter Wasser liegen, um Fressfeinden den Zutritt zu erschweren. Damit die Eingänge nicht trockenfallen, stauen die Biber ihr Wohngewässer mit selbstangelegten Dämmen auf. Bei diesen Staudämmen handelt es sich um technische Meisterwerke, die mehrere hundert Meter lang werden können und so stabil sind, dass ein Mensch sie sogar auf einem Pferd reitend überqueren kann. Möglich macht das die Fähigkeit des Baumeisters Biber, bis zu einen Meter dicke Bäume zu fällen. Das schafft er durch seine speziellen Nagezähne. Die sind nicht nur selbstschärfend, sondern wachsen auch ein Leben lang nach. Durch seine Fähigkeit, Dämme zu bauen, ist der Biber übrigens das einzige Lebewesen neben dem Menschen, das seinen Lebensraum selbst gestalten kann.

Die absoluten architektonischen Superstars im Tierreich finden wir bei den Insekten, genauer gesagt, bei den sogenannten sozialen Insekten wie Ameisen, Termiten, Bienen und Co. Und die geben sich nicht mit Einzimmerwohnungen zufrieden, sondern bauen gleich ganze Städte mit Millionen von Einwohnern. Einem regelrechten Gigantismus in Sachen Hausbau sind zum Beispiel mehrere Termitenarten Südafrikas verfallen. Die kleinen Insekten errichten aus einer Mischung aus Lehm, Sand, Speichel und Kot Wohntürme, die es sowohl Größe als auch Ausstattung betreffend durchaus mit unseren höchsten Wolkenkratzern aufnehmen können.

Tropische Blattschneiderameisen können dagegen mit riesigen unterirdischen Farmen aufwarten, in denen sie gezielt der Pilzzucht nachgehen. Auch die Ausstattung der Behausungen dieser koloniebildenden Ameisen, die manchmal 10 Millionen Individuen und mehr beherbergen, kann sich durchaus sehen lassen. Dafür sorgen Klimaanlage, Zentralheizung, Vorratsräume, aber auch Müllhalden und sogar eigene Friedhöfe.

Aber auch unsere heimischen Insekten brauchen sich in Sachen Baukunst keineswegs zu verstecken: Wespen und Hornissen bauen kunstvolle Papiernester. Honigbienen dagegen erzeugen ihren Baustoff selbst. Die kleinen Honigsammlerinnen produzieren aus speziellen Drüsen am Hinterleib täglich kleine Wachsblättchen, die als Bausubstanz für die berühmten sechseckigen Waben dienen, in denen die Brut des Bienenstocks aufgezogen wird.

Das größte Bauwerk der Welt und das einzige neben der chinesischen Mauer, das man auch vom Mond aus sehen kann, wurde nicht von uns Menschen, sondern von Tieren erbaut: das weltberühmte australische Great Barrier Reef. Bei den fleißigen Baumeistern dieser gigantischen Struktur handelt es sich um Billionen und Aberbillionen winziger Lebewesen: die Korallenpolypen. Wer hätte so eine Leistung ausgerechnet von sogenannten „niederen" Tieren erwartet?

Aber auch, wenn es um das Baumaterial geht, stellen die tierischen Baumeister uns oft locker in den Schatten. So können zum Beispiel Spinnen und Schnecken ihre Bausubstanz in körpereigenen Drüsen selbst herstellen. Bei den Wanderameisen dient sogar der gesamte eigene Körper als Bausubstanz: Zum Bau einer Unterkunft verhaken sich viele Tausende der kleinen Krabbler gegenseitig mit ihren Beinen ineinander, sodass letztendlich ein überaus „lebendiges", aber auch komplexes Nest entsteht, das in seinem Inneren die Ameisenkönigin und ihre Brut vor Fressfeinden schützt.

Einige wenige Tiere haben es sogar geschafft, sich eine transportable Unterkunft zuzulegen – ein nicht zu unterschätzender Vorteil. So bietet ein Schneckengehäuse oder die steinerne oder hölzerne Röhre einer Köcherfliegenlarve zuverlässigen Schutz bei gleichzeitiger Mobilität. Aber tierische Baumeister setzen ihre Kunst nicht nur zum Errichten von Behausungen, sondern auch zum Beutefang ein. Das demonstrieren vor allem viele Spinnenarten mit ihren vielfältigen Netzwerken, Ameisenlöwen mit ihren heimtückischen Rutschtrichtern, aber auch Schimpansen, die sich ab und zu einen Speer basteln, um sich auf die Jagd nach anderen Affen zu begeben. Und dann wären da noch die männlichen Tiere, die ihre Baukunst einsetzen, um ein geneigtes Weibchen von ihren sonstigen Qualitäten zu überzeugen. Besonders raffinierte „Fortpflanzungsbaumeister" sind Laubenvogel, Hüttenvogel und Co. Sie müssen sich allerdings gewaltig anstrengen, um ihre Konkurrenz durch ein besonders gelungenes Bauwerk auszustechen. Nur dann haben sie die Chance, ihre Gene erfolgreich weiterzugeben.

Und wer glaubt, der Bau von Möbelstücken sei nur uns Menschen vorbehalten, der sollte vielleicht einmal die raffiniert konstruierten Schlafstätten von Orang-Utans und Schimpansen genauer unter die Lupe nehmen.

Oft sind die tierischen Architekten und Baumeister der Natur – dank außergewöhnlicher Materialien, aber auch sensationeller technischer Fähigkeiten – uns Menschen sogar weit voraus. Das geht sogar soweit, dass menschliche Architekten mittlerweile so einiges von ihren tierischen Kollegen abgekupfert haben. So werden zum Beispiel gerade weltweit Hochhäuser mit vollautomatischen Energiesparklimaanlagen ausgerüstet – Klimaanlagen, bei deren Bau man sich nahezu vollständig an den äußerst effektiven Klimatürmen einer afrikanischen Termitenart orientiert hat.

„Wo ist ein Tier zu Ende?", fragt der deutsche Verhaltensforscher Jürgen Tautz. Seine ganz eigene Antwort auf diese, auf den ersten Blick etwas kuriose Frage lautet: Ein Tier grenze sich eben nicht durch seine äußere Hülle von seiner Umwelt ab, sondern reiche durch „seine Aktionen und deren nachhaltige Ergebnisse" weit über Haut, Gefieder oder Chitinpanzer hinaus. Dazu gehört sicherlich auch das Vermögen, ein wie auch immer geartetes Bauwerk zu schaffen. Diese Fähigkeit der tierischen Architekten bzw. Baumeister ist oft von überlebenswichtiger Bedeutung. Ob primitives Nest oder raffinierte Luxushöhle mit angeschlossenem unterirdischem Gangsystem – alle diese Behausungen schützen ihre Bewohner mehr oder weniger effektiv vor Fressfeinden, aber auch vor schädlichen Umwelteinflüssen wie klirrender Kälte oder brütender Hitze. Gleichzeitig sind sie aber auch ein geeigneter Ort, um den eigenen Nachwuchs auf die Welt zu bringen, aufzuziehen und wohlgeschützt auf den Ernst des Lebens vorzubereiten. Im täglichen Kampf um das Dasein kann es demnach durchaus die Baukunst sein, die darüber entscheidet, welche Art überlebt und welche nicht.

Luft- und Bodenschlösser

Zumindest Ornithologen sind sich ziemlich sicher: Vögel sind nicht nur die besten Baumeister, sondern auch die phantasievollsten Architekten unter den Wirbeltieren. Sind doch die Nester oft nicht nur äußerst raffiniert konstruierte Bauten, sondern regelrechte Kunstwerke, die äußerst ästhetisch auf den Betrachter wirken können. Das ist noch beachtlicher, wenn man bedenkt, dass den Vögeln eigentlich nur ein einziges und zudem ziemlich bescheidenes Werkzeug zur Verfügung steht: ihr eigener Schnabel.

Jede Vogelart baut ihr eigenes, ganz spezielles Nest. Die Nester der verschiedenen Vogelarten sind meist so unterschiedlich konstruiert, dass Experten oft schon allein anhand des Nests auf die Artzugehörigkeit des gefiederten Baumeisters schließen können. Dabei ist das Baumaterial immer auch abhängig von der Umgebung, in der eine Vogelart lebt: Neben Halmen, Moos, kleinen Rindenstücken, Federn und Tierhaaren sind das auch kleine Steinchen oder Lehm. Viele der sogenannten Kulturfolger unter den Vögeln haben sich mittlerweile an die oft dramatischen Veränderungen ihrer Umwelt durch den Menschen angepasst und nutzen gezielt Zivilisationsabfälle, wie etwa Papierfetzen oder kleine Plastikstücke, zum Bau ihrer Nester.

Auch die Nestgröße kann stark variieren. Sehr große Baumnester finden wir zum Beispiel bei den großen Raubvögeln. Das größte, je auf einem Bau gefundene Nest hatte einen Durchmesser von fast 3 Metern, bei einer Höhe von 6 Metern und einem Gewicht von stolzen 2,7 Tonnen. Konstrukteur und Baumeister dieses gigantischen Nests war einer der populärsten Vögel überhaupt: der Wappenvogel der USA, der Weißkopfseeadler. Getoppt werden die Monsternester der großen Raubvögel nur noch von den riesigen Bruthügeln, die das Reinwardthuhn anlegt. Dieser gerade einmal hühnergroße Vogel, der in Indonesien und im Norden Australiens zu Hause ist, errichtet ähnlich wie das Thermometerhuhn vulkankegelartige Hügel aus Laub, Zweigen, Sand und Geröll, in denen Verrottungsprozesse und Sonnenwärme für die richtige Bruttemperatur der Eier sorgen. Der größte bisher gefundene Bruthügel eines Reinwardthuhns hatte eine Höhe von über 3 Metern, und das bei einem Durchmesser von unglaublichen 21 Metern. Die kleinsten Nester der Welt baut dagegen die Bienenelfe. Diese Kolibriart, die in der Karibik zu Hause ist, legt ihre Miniatureier, die nur ein Viertelgramm auf die Waage bringen, in ein Nest, das kaum größer ist als ein handelsüblicher Fingerhut.

In vielen Fällen sind die oft kunstvollen Nestkonstruktionen ziemlich kurzlebig. Die meisten Kleinvögel, wie etwa der Hausrotschwanz, bauen in der Regel für jede Brut ein neues Nest und verwenden nur in Ausnahmefällen das Nest vom Vorjahr – und das erst, nachdem sie es zuvor wieder sorgfältig ausgebessert haben. Viele größere Vogelarten, zum Beispiel Störche oder Greifvögel, nutzen dagegen das gleiche Nest oft viele Jahre lang – ein Vorgang, der in der Biologie als „Nesttreue" bezeichnet wird. Vor Kurzem haben Forscher der englischen Universität Oxford auf Grönland das älteste dauerhaft von Vögeln bewohnte Nest entdeckt: ein Gerfalkennest, das seit unglaublichen 2500 Jahren kontinuierlich von Vertretern dieser Falkenart als Brutstätte genutzt wird.

Die meisten Vögel bauen ihre Nester nicht etwa, wie oft vermutet wird, als komfortable Schlafstätte, sondern um einen sicheren Ort zu haben, an dem sie ihre Eier legen und anschließend ausbrüten können. Später können die Jungvögel hier relativ sicher vor Fressfeinden geschützt aufgezogen werden.

Nestbau ist keine reine Instinktsache – wie lange angenommen: Die Fähigkeit, ein Nest zu bauen, ist bei Vögeln zwar angeboren, kann durch Erfahrung jedoch noch deutlich verbessert bzw. verfeinert werden. Offensichtlich gilt auch beim Nestbau: „Übung macht den Meister".

Mit Höflichkeit zum Erfolg

Ein klassischer sogenannter Höhlenbrüter ist zum Beispiel einer unserer hübschesten Vögel, der Eisvogel. Der kleine, etwa sperlingsgroße Vogel, der dank seines leuchtenden Federkleids beim Flug an einen funkelnden Edelstein erinnert, legt seine Nester gerne in den Steilufern von Flüssen oder Seen an.

Der Höhlenbau folgt dabei strengen Regeln. Zunächst einmal suchen sich Herr und Frau Eisvogel im Steilufer eine geeignete Stelle für ihre Bruthöhle aus. Bevorzugt werden senkrechte

Eisvögel sind klassische Höhlenbrüter.

Wände, die unbewachsen, frei von Wurzelwerk und trocken sein sollten. Damit bei einem künftigen Hochwasser die Bruthöhle nicht überschwemmt werden kann, wird beim Höhlenbau meist ein Sicherheitsabstand von rund einem Meter zur Wasseroberfläche eingehalten. Zu Beginn der Bauarbeiten setzen sich sowohl Männchen als auch Weibchen auf einen Ast in der Nähe der Steilwand und sondieren zunächst einmal die Lage. Nach einer kleinen Weile fliegt das Eisvogelmännchen dann so lange mit seinem dolchartigen Schnabel gegen die Böschung, bis es ein kleines Loch „gebohrt" hat. Anschließend kehrt das Männchen zum Weibchen zurück und fordert es auf, ihm bei seinen Bemühungen zu helfen.

Tatsächlich beteiligt sich jetzt auch das Weibchen am Höhlenbau. Ist durch das ständige Herauspicken der Erde an der Steilwand eine Art Sims entstanden, auf dem die Vögel bequem stehen können, gehen die Bauarbeiten schneller voran. Jetzt wird der Eingangstunnel – durch Lospicken des Materials mit dem Schnabel und anschließendes Herausschaufeln mit den Füßen nach hinten – auf eine Länge von bis zu 100 Zentimetern verlängert. Am Ende, tief im Erdreich, wird der Tunnel dann zu einem baseballförmigen Brut- und Wohnkessel erweitert.

Erst mit der Bildung des Wohnkessels ist so viel Platz vorhanden, dass der Eisvogel mit dem Kopf zuerst die Höhle wieder verlassen kann. Größere Steine oder Wurzelwerk, die ihnen beim Tunnelbau im Weg stehen, umgehen die Eisvögel, indem sie die Erdröhre um das Hindernis herumführen. Gelingt dies nicht, wird mit dem Bau einer neuen Bruthöhle begonnen. Für die Fertigstellung der Bruthöhle benötigt das Eisvogelpärchen, je nach Härte des Untergrunds, zwischen ein bis zwei Wochen. Beim Bau ihrer Höhle sorgen die Eisvögel auch immer für hygienisch einwandfreie Wohnverhältnisse. Die Erdröhre ist nämlich so angelegt, dass sie vom Brutkessel zum Eingang hin leicht abfällt, damit die Ausscheidungen der Vögel nicht das Nest verschmutzen, sondern „abfließen" können.

Schon während der Bauzeit der Wohnhöhle kommt es zwischen Herrn und Frau Eisvogel immer wieder zu einem äußerst interessanten Phänomen – der Balzfütterung. Bei dieser Prozedur überreicht das Männchen dem Weibchen mit einer Verbeugung einen selbst gefangenen kleinen Fisch, den dieses mit zitternden Flügeln entgegennimmt. Durch diese Balzfütterung erhält das Weibchen genügend Nahrung, um später die sechs bis sieben Eier seines Geleges produzieren zu können. Nach Ansicht von Ornithologen stärkt diese Balzfütterung zum einen die Paarbindung, dient aber wohl auch der Beurteilung des Partners. Das Weibchen sagt sich wahrscheinlich: Ein Mann der gut Fische fangen kann, hat wahrscheinlich auch gute Gene und kommt deshalb als Liebhaber, aber vor allem auch als zukünftiger Vater meiner Kinder in Frage.

Meistens leben Eisvögel streng monogam. Lediglich in Gebieten mit einer hohen Individuendichte werden einige der sonst so treuen Eisvogelmännchen zu Bigamisten, die gleichzeitig mit zwei Eisvogeldamen zusammenleben. Aber die Bigamie hat ihren Preis. Denn erstaunlicherweise brüten die beiden Weibchen, die sich den bigamen Göttergatten teilen müssen, oft in mehreren Kilometern Entfernung. Für den Bigamisten bedeutet das einen gewaltigen Mehraufwand. Er muss nicht nur statt einer gleich zwei Bruthöhlen anlegen, sondern er muss nach dem Schlüpfen der Jungen ständig zwischen den beiden Nestern hin- und herfliegen, um seinen Nachwuchs ausreichend zu füttern.

Noch eine Bemerkung zum Namen Eisvogel: Die meisten Namensforscher sind sich ziemlich sicher, dass der Name des Eisvogels nichts mit Eis und Schnee zu tun hat, sondern sich aus dem althochdeutschen „eisan" für „schillern" oder „glänzen" ableitet – eigentlich eine sehr zutreffende Bezeichnung. Andere Namensforscher interpretieren den vermeintlichen „Eisvogel" als „Eisenvogel" und spielen auf das stahlblaue Rücken- bzw. das rostfarbene Bauchgefieder des Eisvogels an.

Warum der Specht beim Zimmern kein Kopfweh bekommt

Während der Eisvogel seine Bruthöhlen im Erdreich von Steilufern anlegt, setzt der Buntspecht ganz auf Holz, wenn es darum geht, eine sichere Unterkunft für den Nachwuchs zu schaffen. Er wählt dazu solches Holz, das er mit seinem scharfen, meißelartigen Schnabel gut bearbeiten kann und das er vor allem in lichten Laubwäldern mit altem Baumbestand findet. Da aber auch der kräftigste Spechtschnabel mit gesundem Kernholz seine Mühe hat, bevorzugt der Buntspecht zur Anlage seiner Nisthöhlen morsche oder kranke Bäume.

Da Buntspechte hohe Anforderungen an ihre künftige Behausung stellen, arbeiten sie zunächst an mehreren potenziellen Höhlen gleichzeitig, bevor sie sich im letzten Bauabschnitt endgültig für die Bruthöhle ihrer Wahl entscheiden. Es kann aber auch durchaus vorkommen, dass eine bereits fertiggestellte Bruthöhle letztendlich keine Gnade vor den strengen Spechtaugen findet. In diesem Fall kennt der Buntspecht kein Pardon und beginnt mit den Bauarbeiten wieder ganz von vorne. Beim Bau der Nisthöhle ist übrigens Arbeitsteilung angesagt – Männchen und Weibchen wechseln sich beim Zimmern in regelmäßigen Abständen ab. Zur Fertigstellung der Höhle benötigt das Paar je nach Holzbeschaffenheit zwischen ein bis drei Wochen.

In der Stadt, wo es naturgemäß an geeigneten Nistbäumen mangelt, greift der Buntspecht auch einmal auf wärmegedämmte Fassaden als Nistplatz zurück. Die bunten Zimmerer durchlöchern den Putz mit ihrem Schnabel und legen sich eine komfortable Nisthöhle im Dämmmaterial an.

Der Aufbau der Bruthöhle selbst, ist dabei vergleichsweise simpel. Vom Einschlupfloch, das oft nur einen halben Meter über dem Boden liegt, führt ein sehr kurzer waagrechter Zugang zu einer senkrechten Höhle, in die das Weibchen nach Fertigstellung zwischen fünf und sieben Eier legt. Ein richtig schön ausgepols-

tertes Nest bauen Buntspechte nicht. Als Nistunterlage dienen einige Holzspäne, die die Spechte beim Bau der Höhle auf dem Boden zurückgelassen haben.

Buntspechtmännchen sind gute Väter. Im Gegensatz zu den meisten anderen Vogelarten nehmen sie beim Bebrüten der Eier die dominante Rolle ein. Nachts bebrüten sie zum Beispiel das Gelege ausschließlich. Dabei ist die Brutdauer beim Buntspecht relativ kurz. Bereits nach acht bis neun Tagen schlüpfen die Jungen, die dank Fütterung mit proteinreicher Nahrung schnell heranwachsen und bereits nach drei Wochen flugfähig sind.

Verlassene oder nicht vollendete Buntspechthöhlen erfüllen übrigens in unseren Wäldern eine wichtige Funktion: Sie dienen für viele andere Tierarten wie Kohl- und Tannenmeisen, Eichhörnchen, Siebenschläfer oder Fledermäuse, die wegen mangelndem körpereigenen Werkzeug nicht in der Lage sind, sich eine eigene schützende Nisthöhle zu zimmern, als „Secondhandwohnhöhle". In der Wissenschaft werden solche Tiere als „sekundäre Höhlenbrüter" bezeichnet.

Buntspechte nutzen ihren scharfen Schnabel nicht nur, um sich komfortable und sichere Unterkünfte anzulegen, sondern auch zur Nahrungssuche, indem sie im morschen Holz unter der Baumrinde nach leckeren Larven stochern. Bekannt sind auch die sogenannten Spechtschmieden – Baumspalten oder selbst gezimmerte Baumvertiefungen, in die der Specht Nüsse oder Zapfen eingeklemmt, um dann gezielt die Samen herauszuhacken. Und zu guter Letzt setzt das Buntspechtmännchen seinen Schnabel auch ein, um die Damen zu beeindrucken. Mit seinem berühmten Getrommel will es nicht nur lästige Rivalen aus dem eigenen Revier fernhalten, sondern vor allem zu Beginn

Buntspechte nutzen ihren scharfen
Schnabel nicht nur zum Wohnungsbau,
sondern auch zur Kommunikation.

der Balzzeit willige Weibchen anlocken. Gehämmert wird dabei auf alles, was gute Resonanz verspricht – beispielsweise hohle Bäume oder tote Äste. Gerne nutzt der Buntspecht in Zivilisationsnähe aber auch Blechschornsteine, Regenrinnen, Fernsehantennen oder Telefonmasten für seine Trommelwirbel. So kann er seinen Trommelsignalen sogar eine persönliche Note verleihen, was für die Revierabgrenzung sicherlich von Vorteil sein kann. Der Buntspecht ist übrigens der schnellste Trommler unter den Spechten: Bis zu 20 Schläge pro Sekunde und das über viele Stunden hinweg – davon können auch Profischlagzeuger nur träumen.

Wissenschaftler haben unlängst herausgefunden, dass manche Spechte bis zu 12 000-mal am Tag mit ihrem Schnabel gegen Bäume hämmern. Eine vor Kurzem in einer renommierten Fachzeitschrift veröffentlichte Untersuchung zeigte, dass dabei der Aufprall des Schnabels mit einer Geschwindigkeit von sieben Metern pro Sekunde erfolgt. Wer wissen will, wie sich das anfühlt, schlage einmal versuchsweise seinen Schädel mit 25 Kilometer pro Stunde an die Wand. Da stellt sich natürlich die Frage, wie schaffen die Spechte das, ohne Kopfschmerzen oder gar eine Gehirnerschütterung zu bekommen? Warum sind unsere Wälder also nicht voll von Spechten, die vom Hämmern völlig benommen am Boden liegen?

Es gibt gleich mehrere wissenschaftliche Publikationen, die präzise erklären, warum dem Specht trotz intensivster Kopfarbeit nicht der Schädel brummt. Das Geheimnis der Spechte liegt in der speziellen Anatomie und Biomechanik ihres Schädels. Zunächst einmal unterscheidet sich der Spechtschädel von den Schädeln aller anderen Vogelarten dadurch, dass auf einer gedachten Achse vom Schnabel durch den Schädel nur Knochen liegen. Anders als beispielsweise bei einer Taube, bei der diese Achse mitten durch das Gehirn verläuft, liegt beim Buntspecht und seinen Verwandten das Gehirn deutlich oberhalb dieser Achse und bekommt so bei den Stößen nicht allzu viel ab. Außerdem ist das Gehirn im

Schädel nur von äußerst wenig Gehirnflüssigkeit umgeben und füllt den relativ kleinen Spechtschädel fast vollständig aus, sodass es beim Aufprall kaum hin- und herschwappen kann.

Der wichtigste Schutz für den Spechtschädel ist jedoch ein raffiniertes körpereigenes Stoßdämpfersystem: Auch die Kiefermuskulatur leistet beim Specht ihren Beitrag zum Schutz des Gehirns. Die außerordentlich starken Muskeln ziehen sich wenige Millisekunden vor dem Aufprall zusammen und absorbieren einen Großteil der Energie. Nach neueren Erkenntnissen sorgt zudem eine schwammartig aufgebaute Knochensubstanz, die sogenannte Spongiosa, dafür, dass die beim Hämmern entstehenden Stoßkräfte auch noch von der Schädeldecke selbst abgedämpft werden.

Aber Buntspechte verhindern noch mit einem weiteren Trick, dass sie beim „Zimmern" ihrer Wohnhöhle ernsthaft zu Schaden kommen können. Dabei kommt es auf ein genaues Timing an: Nur eine Millisekunde vor dem Aufprall der Schnabelspitze schließen die Spechte ganz kurz ihre Lider. So sind die Augen der Vögel zuverlässig vor den umherfliegenden spitzkantigen Holzspänen geschützt. Die Nasenlöcher des Buntspechts wiederum sind mit feinen Federn überwachsen. So wird verhindert, dass der Buntspecht den beim Hämmern entstehenden Holzstaub einatmen muss.

Die „Schutz-durch-Baumharz-Strategie"

Um sich und ihren Nachwuchs vor gefräßigen Fressfeinden zu schützen, schlagen Höhlenbrüter auch manchmal ungewöhnliche Wege ein. Besonders raffiniert geht der nordamerikanische Vetter des Buntspechts, der Kokardenspecht, vor, wenn es darum geht, seine Bruthöhle vor dem Zugriff seiner Erzfeindin, der Erdnatter, zu schützen. Dieser bis zu 2,5 Meter langen Schlange ist schon so mancher Höhlenbrüternachwuchs zum Opfer gefallen.

Um der Erdnatter, bei der es sich um eine hervorragende Kletter-künstlerin handelt, den Zugang zu seiner Bruthöhle zu erschweren, setzt der Kokardenspecht erstaunlicherweise in erster Linie auf die nicht zu unterschätzende Klebkraft von Baumharz. Die Vögel hacken zunächst mit ihrem dolchartigen Schnabel in regelmäßigen Abständen ganz gezielt kleine Löcher in die Rinde rund um Eingang ihrer Bruthöhle. Als natürliche Abwehrreaktion des Baums tritt aus diesen Baumwunden dann reichlich Harz aus. Dadurch entsteht eine breite, äußerst klebrige Barriere, die auch von einer noch so hungrigen Erdnatter nur in den seltensten Fällen überwunden werden kann.

Übrigens: Die „Schutz-durch-Baumharz-Strategie" fängt bereits bei der Auswahl des Nistbaums an. Der Kokardenspecht legt seine Nisthöhle bevorzugt in Sumpfkiefern ab – Bäumen, die für ihren üppigen Harzfluss bekannt sind. Der Bau der Nisthöhle selbst ist eine langwierige Angelegenheit. Obwohl sich sowohl Männchen als auch Weibchen an den Bauarbeiten beteiligen, kann es bis zu drei Jahre dauern, bis die Bruthöhle fertiggestellt ist. Die Nutzung der neuen Unterkunft ist dafür jedoch ausgesprochen nachhaltig – Kokardenspechthöhlen werden von ihren Bewohnern in der Regel 20 Jahre und mehr genutzt.

Ein Weibchen in selbstgewählter Einzelhaft

Eine ganz andere Strategie zum Schutz seines Nachwuchses wählt der Doppelhornvogel, ein Höhlenbrüter, der in den tropischen Regenwäldern Indiens und Südostasiens zu Hause ist. Dieser staatliche Vogel, der immerhin bis zu 130 Zentimeter lang und 3 Kilogramm schwer ist, hat ein zumindest in der Vogelwelt einmaliges Nistverhalten: Das Weibchen mauert sich zum Schutz vor Fressfeinden freiwillig in seine Bruthöhle ein.

Selbst gewählte Haft: Die Weibchen des Doppelhornvogels mauern sich
selbst in ihrer Bruthöhle ein.

Zu Beginn der Brutzeit im Januar suchen sich Herr und Frau
Doppelhornvogel, die zu den wenigen Vögeln gehören, die strikt
monogam leben, zunächst gemeinsam im Dschungel einen Baum
mit geeigneter Bruthöhle. Die sollte sich aus Sicherheitsgründen
jedoch stets in großer Höhe (18 bis 25 Meter sind durchaus an-
gemessen) befinden, um auch den Kletterkünstlern unter den
Fressfeinden den Zugang zu erschweren. Nach der Befruchtung
verkleinert das Weibchen zunächst von außen die Öffnung der
Bruthöhle – mit einer Mixtur aus Schlamm, Futterresten und dem
eigenen Kot. Sobald der Höhleneingang deutlich kleiner gewor-

den ist, zwängt sich das Weibchen ins Innere der Höhle und setzt von dort aus seine Maurerarbeiten fort, bis nur noch ein schmaler senkrechter Spalt als Höhlenöffnung vorhanden ist. Das Verschließen der Bruthöhle ist jedoch keineswegs allein Frauensache. Das Männchen hilft bei den Maurerarbeiten von außen tüchtig mit. Das Mauerwerk wird nach dem Austrocknen so hart, dass große Fressfeinde wie Marder oder Schleichkatzen keine Chance haben, zu Mutter und Nachwuchs vorzudringen. Nesträuber, die klein bzw. schlank genug sind, um durch den Schlitz in die Bruthöhle eindringen zu können, wie etwa Ratten oder Schlangen, werden dagegen von dem eingemauerten Weibchen mit wütenden Schnabelhieben abgewehrt. Derart eingemauert ist es während der gesamten Brutzeit und auch während der Aufzucht der Jungen vollständig auf das Männchen angewiesen, dessen Aufgabe es jetzt ist, seine Partnerin und später auch seinen Nachwuchs durch den Öffnungsschlitz mit ausreichend Futter zu versorgen.

Selbst wenn das treusorgende Männchen während dieser sensiblen Periode getötet wird, ist dafür gesorgt, dass Mutter und Nachwuchs nicht elendig zu Grunde gehen. Dann übernimmt in vielen Fällen einfach ein Junggeselle den Job des Ehemanns. Ein auf den ersten Blick ziemlich unlogisches Verhalten, da der Junggeselle durch sein scheinbar selbstloses Handeln dafür sorgt, dass nicht die eigenen, sondern die Gene eines Konkurrenten weitergeben werden. Aber durch seine Hilfsaktion hat der Junggeselle gute Chancen, sich in der nächsten Brutsaison selbst mit dem „geretteten" Weibchen zu paaren.

Der schmale Öffnungsspalt dient auch der Hygiene: Ihren eigenen und den Kot ihres Nachwuchses befördern die eingemauerten Doppelhornvogelmütter mithilfe ihres Schnabels durch diesen Spalt nach außen. Im Alter von zwei Wochen entsorgen die Doppelhornvogelküken ihren Kot dann allerdings bereits selbstständig.

Während der „Selbstinhaftierung" verliert das Weibchen sämtliche Federn, die es jedoch zur Auspolsterung des Nests nutzen kann. Erst nach einer Zeit von etwa vier Monaten öffnet das

Weibchen mithilfe seines scharfen Schnabels das Mauerwerk und verlässt die Bruthöhle. Diese wird anschließend von den Jungvögeln wieder zugemauert. Denn der Nachwuchs verbleibt auch ohne das Weibchen in der schützenden Höhle, bis er flügge geworden ist.

Lehmpfützen gesucht

Lehmpfützen sind für Mehlschwalben unverzichtbar. Die eleganten Flieger benötigen den feuchten, klebrigen Lehm zum Bau ihrer Nester. Denn ihre halbkugeligen Lehmnester heften die Vögel mit dem markanten weißen Bauch dorthin, wo andere Vogelnester keinen Halt finden – an den blanken Stein senkrechter Wände. Der Bau selbst ist eine ziemlich mühselige Angelegenheit: Pro Nest müssen rund 1500 Lehmklümpchen mit dem Schnabel aufgeklaubt und anschließend im Flug zur Baustelle transportiert werden. Dort wird die mühsam gesammelte Bausubstanz von den Vögeln Kügelchen für Kügelchen mithilfe ihres Speichels an die Wand geklebt. Zur Verfestigung der Baumasse arbeiten sie stets noch einige Grashalme mit ein und polstern anschließend das fertige Nest mit Federn oder Pflanzenmaterial aus. Auf diese Weise entsteht ein stabiles Nest, das bei entsprechender Nachbesserung oft viele Jahre benutzt werden kann. Der Nestbau, an dem beide Geschlechter beteiligt sind, nimmt je nach den äußeren Gegebenheiten etwa 10 bis 14 Tage in Anspruch.

Im Gegensatz zur nahe verwandten Rauchschwalbe, die großen Wert auf eine Einzellage ihres Nests legt, sind Mehlschwalben sogenannte Koloniebrüter, die oft ein Nest neben das andere bauen – ähnlich wie das bei menschlichen Reihenhäusern der Fall ist. Mehlschwalben und Menschen haben eine lange gemeinsame Geschichte: Heftete die Mehlschwalbe ihre kunstvollen Lehmnester ursprünglich noch an hohe Feldwände oder schroffe Küstenklippen, entwickelte sich der kleine Vogel mit zunehmender Besiedlung durch den Menschen immer mehr zu einem ausgeprägten Kulturfolger. Wohnhäuser, Kirchtürme und Brücken boten den Schwalben viele neue und vor allem gut geschützte Brutplätze. Diese zusätzlichen Brutplätze waren letztendlich auch dafür verantwortlich, dass die Mehlschwalbe sich mit der Zeit fast über ganz Europa verbreiten konnte.

Besonders gerne legen Mehlschwalben ihre Nester unter Dachtraufen, Torbögen oder anderen schützenden Vorsprüngen des Hauses an. Auch unter Brücken finden sich häufig Mehlschwalbennester. Ein bisschen rau sollte die Fassade allerdings sein, sonst haftet auch der klebrigste Lehm nicht an der Hauswand. Aus dem gleichen Grund achten Mehlschwalben sehr genau darauf, dass die von ihnen zum Nestbau gewählte Oberfläche keinen Flechten- oder Moosbesatz aufweist. Anders als Rauchschwalben bauen Mehlschwalben ihr Nest nur in wenigen Ausnahmefällen innerhalb von Gebäuden.

Offensichtlich diente die Bauweise der Schwalbennester sogar als Vorbild für die Baumeister unserer Altvorderen. So schreibt etwa der berühmte römische Geschichtsschreiber Plinius der Ältere in seiner *Naturalis Historia*: „Für den Erfinder der leimernen Wohnungen hält Gellius den Dokius, einen Sohn des Caelus, der an den Nestern der Schwalben das Muster nahm."

Heute ist allerdings aus dem erfolgreichen Kulturfolger Mehlschwalbe eher ein Kulturverfolgter geworden. Zählten Mehlschwalben noch vor einem Jahrhundert zu den häufigsten Vögeln unserer Städte, stehen sie heute in der Bundesrepublik Deutschland bereits auf der Vorwarnliste für bedrohte Vogelarten. Verantwortlich hierfür ist vor allem die moderne Architektur. In unseren meist völlig asphaltierten und zubetonierten Innenstädten tun sich die kleinen Vögel immer schwerer, die notwendigen Lehmpfützen zu finden, die ihnen das Baumaterial für ihre Klebenester liefern. Haben die Schwalben dann doch einmal eine rettende Pfütze aufgetrieben, bleiben die Nester oft nicht mehr an den modernen, glatten und strukturarmen Fassaden haften. Selbst wenn ein Nest bereits im „Rohbau" steht, ist dies immer noch keine Garantie, dass die Schwalben dort später einmal brüten können. Auf die entstehende Unterkunft haben es auch noch andere Vogelarten abgesehen. Der Kampf um die wenigen guten Nistplätze in der Stadt wird oft mit harten Bandagen geführt. So versuchen etwa Hausspatzen mit schöner Regelmäßigkeit, in der Entstehung befindliche Mehlschwalbennester zu erobern. Gelingt dies, müssen die Mehlschwalben sich einen anderen Nistplatz suchen und dort erneut mit dem Nestbau beginnen. Fertiggestellte Nester können von den Sperlingen jedoch nicht erobert werden. Dann ist die Einschlupföffnung so klein, dass selbst ein Sperling nicht mehr hindurchpasst.

In der Vergangenheit sind leider oft völlig intakte Nester von Hausbesitzern oder Mietern zerstört worden, weil sie sich vom aus den Nestern herabfallenden Kot der Vögel gestört fühlten. Dabei hatten wir seit der Antike immer ein besonders positives Verhältnis zu unseren geflügelten Mitbewohnern. So gelten Schwalben in vielen Kulturen nicht nur als Frühlingsboten, sondern auch als ausgeprägte Glücksbringer, die Haus und Hof vor Schaden bewahren – oder wie es das alte deutsche Sprichwort formuliert: „Wo Schwalben wohnen, wohnt das Glück". Das stimmt zumindest insofern, als dass die emsigen Vögel viele uns lästige Insekten wie Stechmücken oder Schmeißfliegen in der Nähe des Hauses einfach verspeisen.

Ein Nest aus Spucke

Eines der teuersten Gerichte der Welt, zumindest aber die teuerste Suppe, die die chinesische Küche zu bieten hat, besteht zu großen Teilen nur aus dem Speichel von Vögeln: die Schwalbennestersuppe. In der chinesischen Metropole Hongkong muss man zum Beispiel im Restaurant für ein Schälchen Schwalbennestersuppe bis zu 100 US-Dollar zahlen. Wer als Endverbraucher ein Kilogramm „Schwalbennest" erwerben will, muss, je nach Qualität, sogar mit Preisen zwischen 2000 und 10 000 US-Dollar rechnen. Dafür gibt es auch einen guten Grund: Schwalbennestersuppe gilt in der traditionellen chinesischen Medizin als wichtiges Heilbzw. Nahrungsergänzungsmittel. Zudem sind auch viele Chinesen der Meinung, dass ein häufiger und reichlicher Verzehr von Schwalbennestersuppe den Alterungsprozess aufhält, da die Bestandteile der Suppe angeblich massiv die Kollagenproduktion der Haut anregen. Tatsächlich haben Analysen gezeigt, dass die Nester nachweislich große Mengen an Aminosäuren enthalten. Hinzu kommen noch reichlich wertvolle Mineralien wie Kalzium, Eisen oder Magnesium. Ob der Verzehr der Nester auch bei so unterschiedlichen gesundheitlichen Problemen wie Verdauungsstörungen, Asthma oder ausgeprägter Sehschwäche hilft, soll hier dahingestellt sein – von einer Verbesserung der Libido oder der ewigen Jugend ganz zu schweigen.

Aber: Wo Schwalbennest draufsteht, ist nicht unbedingt auch ein Schwalbennest drin. Denn die Nester, die zu der berühmten Suppe verarbeitet werden, nicht etwa von Schwalben, sondern von zwei südostasiatischen Vogelarten, die eng mit unserem heimischen Mauersegler verwandt sind – der Weißnestsalange und der Schwarznestsalange. Die rund zwölf Zentimeter großen, dunkelbraun gefärbten Vögel nisten in großen Kolonien in dunklen Höhlen, die oft in großer Höhe an felsigen Küstensteilwänden zu finden sind. Die Kolonien können dabei gewaltige Dimensionen erreichen. So besteht zum Beispiel die Salangenkolonie in den Niah-Höhlen im malaysischen Bundesstaat Sarawak aus mehreren hunderttausend Individuen – trotz intensiver und regelmäßiger „Ernte" der Nester.

Ihr halbschalenförmiges Nest, das ausschließlich aus dem gummiartigen Speichel der kleinen Vögel gebildet wird, legen

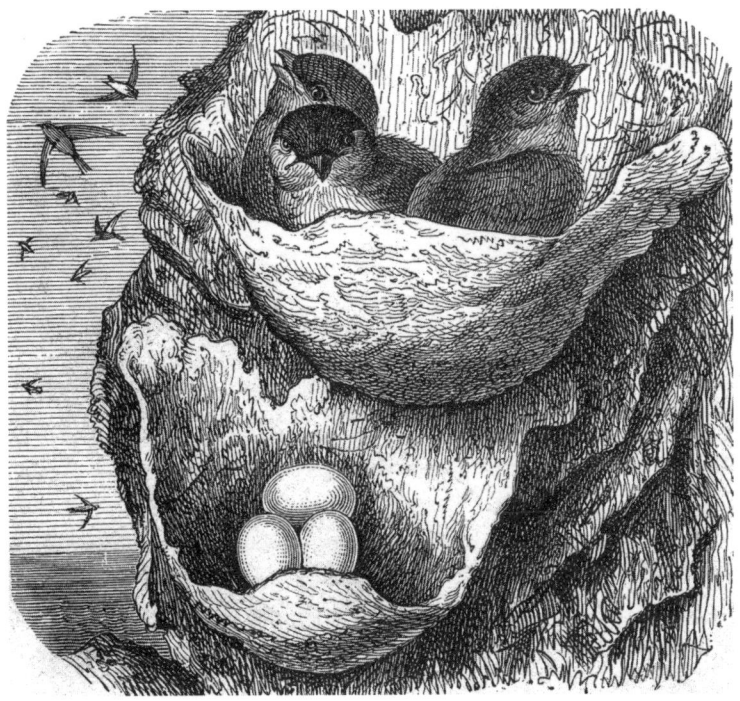

Das Nest der Salangen besteht fast ausschließlich aus Speichel.

die Salangen dabei immer an der Höhlendecke an. Zum Nestbau fliegen die Vögel, die sich im Dunkeln der Höhlen – ähnlich wie Fledermäuse – mittels Echopeilung orientieren, zunächst zur Höhlendecke. Dort setzen sie dann aus ihren während der Brutzeit stark vergrößerten Speicheldrüsen in einer hufeisenförmigen Linie große Speicheltropfen ab, die bei Luftkontakt zu einer Art „Nestzement" aushärten. Auf dieser Basis errichten die Vögel nach und nach mit immer neuen Speichelschichten ihr napfförmiges Nest. Die einzelnen Speichelschichten sind später, beim fertigen Nest, als horizontale Streifen deutlich erkennbar.

Der Nestbau nimmt im Schnitt etwa 35 Tage in Anspruch. Diese Leistung ist bei genauer Betrachtung beachtlich: Mit einem Gewicht von 14 Gramm wiegt das Nest fast so viel wie sein Erbauer, der es auf etwa 16 Gramm Körpergewicht bringt. Die einzelnen Nester der Kolonie liegen dabei sehr eng nebeneinander. Es wird jedoch stets ein Mindestabstand von fünf Zentimetern zwischen den Nestern eingehalten. Pro Jahr werden pro Vogel vier Nester gebaut.

Der Verzehr von Schwalbennestern hat in China eine lange Tradition. Erstmalig wurden die Nester mit den angeblich so zahlreichen positiven Eigenschaften bereits am Hof der Tang-Kaiser (618–907) gegessen. Ende des 14. Jahrhunderts war der Nesterverzehr dann in ganz China weit verbreitet. Während der Kulturrevolution von 1966 bis 1976 unter Mao Zedong galt der Verzehr allerdings als bourgeois und dekadent und war deshalb behördlicherseits strengstens untersagt. Mit der Lockerung des Verbots in den 1980er-Jahren wurde die Speichelsuppe aber schnell wieder populär und die Nachfrage stieg enorm.

Da Salangen nicht in China brüten, ist man dort auf Importe aus Indonesien, Malaysia, Thailand und Vietnam angewiesen. Dabei war die „Ernte" der Nester lange Zeit eine aufwendige und auch gefährliche Tätigkeit. Um den „Kaviar des Ostens" von der Höhlendecke zu pflücken, mussten professionelle Sammler mithilfe eines oft unstabilen Systems aus Leitern und Seilen in schwindelerregende Höhen von 100 Metern und mehr klettern. Da blieben tödliche Unfälle nicht aus.

Um den immer größer werdenden Bedarf an Schwalbennestern zu decken, ging man deshalb in den 1990er-Jahren vor allem im Norden Sumatras dazu über, den Vögeln künstliche Nistgelegenheiten anzubieten – große mehrstöckige, an einen Wohnblock erinnernde Betonbauten, die von ihren Erbauern mit zahlreichen kleinen Einfluglöchern versehen wurden. Diese „Salangenhotels", wie die riesigen Betonklötze bei den Einheimischen genannt werden, bieten in den meisten Fällen gleich mehreren zehntausend

Vögeln eine sichere Unterkunft. Mit der Zeit entwickelte sich so in einigen Städten eine regelrechte Schwalbennesterindustrie. Zum Beispiel finden sich in Kisaran, einer ganz im Norden Sumatras gelegenen Kleinstadt, allein im Stadtzentrum über 300 „Salangenhotels" – ein äußerst lukratives Geschäft. Ein vierstöckiges

Ein kaiserliches Gericht?

Wir Europäer haben uns noch nie so richtig für das doch etwas gewöhnungsbedürftige Gericht „Schwalbennestersuppe" begeistern können, obwohl es zumindest im deutschsprachigen Raum schon seit mindestens 250 Jahren bekannt ist. So berichtet der bayerische Historiker und Biograph des österreichischen Kaisers Joseph II., Felix Joseph Lipowsky, in seinem 1833 erschienen Werk „Leben und Thaten des Maximilian Joseph III.", dass anlässlich der Vermählung des Monarchen mit der bayerischen Prinzessin Maria Josepha Antonia 1765 in München beim Hochzeitsmahl, als einer von vielen Gängen, auch Schwalbennestersuppe gereicht wurde: „Mittags war eine große offene Tafel bei Hofe, wo eine aus indianischen Vogel-(Schwalben-)Nestern verfertigte Suppe, als eine Seltenheit in Europa, aufgetischt ist worden, die 6000 Gulden gekostet hat, von der auch aus der Hof-Küche an Hof- und Staatsbeamte, dann an Honoratioren und Bürger Münchens zu halben und ganzen Massen abgegeben worden, um solche kostbare Suppe zu versuchen, daher hiervon in Bayern noch die Rede ist." Schwalbennestersuppe war also damals auch bei uns eine sehr kostspielige Angelegenheit, wenn man bedenkt, dass das Jahreseinkommen eines Handwerkers in dieser Zeit zwischen 100 und 200 Gulden lag.

Salangenhotel kann seinem Besitzer bei vier Ernten im Jahr jährlich rund eine Million Dollar einbringen. Das ist kein schlechter Verdienst in einem Land, in dem das durchschnittliche Jahreseinkommen bei 245 US-Dollar liegt.

Heute deckt Indonesien rund 70 Prozent des weltweiten Bedarfs an Schwalbennestern, gefolgt von Malaysia mit 20 Prozent. Der weltweite Umsatz betreffend Schwalbennestersuppe liegt selbst nach konservativen Schätzungen bei über fünf Milliarden US-Dollar.

Die Zubereitung der Suppe ist relativ kompliziert und zeitaufwendig. Nach der Ernte werden die Nester zunächst sehr sorgfältig von Fremdkörpern wie Federn gereinigt und anschließend in kaltem Wasser eingeweicht. Da der Vogelspeichel kaum über Eigengeschmack verfügt, werden die Nester anschließend zusammen mit Kalbfleisch in einer kräftigen Hühnerbrühe gekocht. Durch diesen Vorgang lösen sich die Nester auf und verleihen der Suppe eine leicht gelatinöse Textur. Abgeschmeckt wird mit Sherry oder Brandy.

Klettverschluss und Schnabelnadel

Für den englischen Ornithologen Peter Goodfellow gehört das Nest der Schwanzmeise zu den „am raffiniertesten konstruierten Nestern überhaupt". In der Tat bauen die kleinen Vögel, die ihren Namen dem langen Schwanz verdanken, der ihnen auch noch auf den Enden der dünnsten Zweige ein präzises Ausbalancieren ermöglicht, ein besonderes Nest: ein Kugelnest mit Haken und Ösen. Zum Nestbau stopfen die kleinen Vögel, die in fast ganz Europa zu Hause sind, zunächst reichlich Moos in eine Astgabel, das sie mithilfe von Spinnfäden gut im Geäst vertäuen. Moos und Spinnseide werden dabei nach dem Klettverschlussprinzip miteinander verbunden, wobei die Moosblättchen als Haken und die Spinnfäden als Öse fungieren. Diese Art der Befestigung hat den Vorteil, dass der „Klettverschluss" von den Vögeln bei Bedarf jederzeit wieder geöffnet und neu fixiert werden kann. So kann das Nest immer wieder erneut stabil befestigt werden – zum Beispiel, wenn es später von den heranwachsenden Küken mit der Zeit weiter ausgedehnt wird.

Zum Bau ihres Nests, dessen Innendurchmesser bei rund 55 Millimetern liegt, schleppen die kleinen Vögel unglaubliche Mengen an „Baumaterial" herbei. Ein schottischer Wissenschaftler hat einmal notiert, was eine Schwanzmeise durchschnittlich für den Nestbau benötigt: Neben etwa 3000 Flechtenflocken, 1500 Vogelfedern und bis zu 300 Moosteilchen, sind das auch noch rund 600 Eikokons von Spinnen, aus denen die kleinen Vögel die Seidenfäden ziehen können, mit denen die Nester später zusammengehalten und vertäut werden. Während Moos und Federn vor allem der Innenauspolsterung des Nests dienen, werden die Flechten, die meist vom Nistbaum selbst stammen, an der Außenseite angebracht. Dieser Kniff sorgt für eine perfekte Tarnung des Nests.

Die Beschaffung des Nistmaterials kann sich dabei oft schwierig gestalten. Während Moos, Flechten und Halme relativ gut in der näheren Umgebung zu finden sind, müssen die Vögel oft Transportstrecken von 500 Metern und mehr in Kauf nehmen, um auch ausreichend Federn herbeizuschaffen zu können. Daher wundert es nicht, dass der Nestbau, an dem bei den Schwanzmeisen beide Geschlechter beteiligt sind, bis zu 33 Tage und bei schlechter Witterung sogar noch länger dauern kann.

Im Gegensatz zur Schwanzmeise setzt der Schneidervogel in Sachen Nestbau auf seine Nähkunst. Der in Süd- und Südostasien verbreitete Vogel verdankt seinen Namen der Tatsache, dass er beim Nestbau zunächst große Blätter wie eine Tüte zusammenbindet, sie dann am Rand mit seinem spitzen Schnabel durchlöchert und anschließend mit Spinnweben oder Pflanzenfasern regelrecht zu einem Nest zusammennäht. Dazu verwendet er fast ausschließlich Blätter des zur Familie der Rosenapfelgewächse gehörigen Strauches *Dillenia suffruticosa.*

Zum Nestbau werden immer „lebende Blätter" verwendet, die gegenüber „toten Blättern" gleich zwei entscheidende Vorteile bieten: Zum einen sind die Blätter von der Substanz her deutlich stärker und widerstandsfähiger als bereits abgefallene Blätter und zum anderen sorgen sie auch dafür, dass das Nest im Blattwerk der Bäume gut getarnt ist. Als Nähnadel dient dem „schneidernden" Vogel dabei der spitze Schnabel. Das so entstandene tütenförmige Nest, das sich meist in etwa einem Meter Höhe befindet, muss nach der Fertigstellung nur noch der Bequemlichkeit halber mit Tierhaaren oder anderem weichen Material ausgepolstert werden. Schon besitzt der Schneidervogel ein gemütliches und auch noch wasserdichtes Nest. Es sind übrigens fast ausnahmslos die Weibchen, die sich in der hohen Kunst des Nestnähens betätigen.

Sozialer Wohnungsbau

Die Vogelwohnanlage

Was Siedelweber wohnungsmäßig auf die Beine stellen, braucht den Vergleich mit einem modernen Wohnblock in einer Großstadt nicht zu scheuen. Die kleinen, eher unscheinbar braun gefärbten etwa sperlingsgroßen Vögel, die zur Familie der Webervögel gehören, bauen sogenannte Gemeinschaftsnester, in denen bis zu 150 Familien Platz finden. Dabei verfügt jede Familie selbstverständlich über ihr eigenes Appartement. Daher wundert es nicht, dass die Siedelweber, die ausschließlich in Namibia, in Teilen Botswanas und im Westen Südafrikas zu Hause sind, im englischen als *social weaver* und in der südafrikanischen Landessprache Afrikans als *Familievoel*, also Familienvögel, bezeichnet werden.

Bei einer derart gewaltigen Zahl an Bewohnern kann eine solche Vogelwohnanlage riesige Dimensionen annehmen: Bis zu sieben Meter lang und vier Meter breit bzw. hoch können die Gemeinschaftsnester der Siedelweber werden. Mit diesen Ausmaßen sind diese Nester nicht nur die größten in der Vogelwelt bekannten Gemeinschaftsnester, sondern gehören auch zu den größten von Vögeln geschaffenen Bauten überhaupt. Ein derart riesiges Gebilde kann eine Tonne und mehr auf die Waage bringen.

Bevor mit dem Bau des Gemeinschaftsnests begonnen werden kann, müssen die kleinen Vögel jedoch zunächst einen geeigneten Baum finden. Dieser Baum muss vor allem über die nötige Stabilität verfügen, um später nicht unter dem Gewicht des künftigen Gigantennests zusammenzubrechen. Deshalb werden Kameldornbäume, dank ihres vergleichsweise harten Holzes, von Siedelwebern als Nestplattform bevorzugt.

In Gebieten wie der Kalhari-Wüste, in denen Bäume Mangelware sind, greifen Siedelweber auch auf Telefon- oder Strommasten als Fundament für ihr Nest zurück. Diese „menschengemachten" Nestplattformen sind jedoch keineswegs Verlegenheitslösungen, sondern bieten einen überaus wichtigen Zusatzeffekt: Die Oberfläche der Masten ist so glatt, dass sie von Schlangen wie der Kap-Kobra, einer berüchtigten Nesträuberin, nicht erklommen werden können. Dieser Vorteil ist für das Wachstum der Kolonie nicht zu unterschätzen: Immerhin fallen bei einem Baum als Nestträger fast 70 Prozent der Nestlinge Schlangen zum Opfer. Für die namibischen Strom- und Telefongesellschaften sind die riesigen Nester auf den Masten allerdings nicht gerade ein Grund zu überschäumender Freude: Nur allzu oft brechen die Masten unter dem gewaltigen Gewicht der Riesennester zusammen, was in ganzen Landesteilen zu Leitungsunterbrechungen bzw. Stromausfällen führen kann.

Konstruktion und Bauweise des Gemeinschaftsnest folgen einem festen Muster: Es wird immer von oben nach unten gebaut. Zunächst bauen zwei bis drei Siedelweberbrutpaare in der Krone des Baums ein kuppelförmiges Dach aus Gras und Zweigen, das

die Aufgabe hat, Regenwasser abzuleiten und vor zu viel Sonnenstrahlung zu schützen. In die Unterseite des Dachs weben die Siedelweber dann eine dichte Grasmatte. In diese Matte werden senkrecht so lange Grashalme hineingesteckt, bis sie eine kurze, nach unten offene Wohnröhre bilden, in der ein einziges Brutpaar Unterschlupf findet. Schließen sich dann weitere Brutpaare der Kolonie an, können auf diese Art und Weise letztendlich bis zu 150 Einzelappartements entstehen. Dabei hat jedes Brutpaar seine eigene Kammer, die keine Verbindung zur Nachbarkammer hat.

Am unteren Ende ihrer Appartementröhre bringen die Siedelweber noch einige spitze Grashalme oder Stacheln an, die durch ihre diagonal abwärts weisende Positionierung Fressfeinden den Zutritt erschweren sollen. Aber das Nest bedarf auch nach der Fertigstellung immer noch einer täglichen Wartung. Oft müssen größere Instandsetzungsmaßnahmen durchgeführt werden, an denen sich alle Koloniemitglieder fleißig beteiligen. Da ist es kein Wunder, dass manche Gemeinschaftsnester ein geradezu biblisches Alter von 100 Jahren und mehr erreichen. Aber auch der stärkste Baum bricht zusammen, wenn er drei Gemeinschaftsnester oder mehr tragen muss. Dann heißt es für die obdachlos gewordenen Siedelweberkolonien, möglichst schnell einen neuen Baum zu finden und erneut ein Nest zu bauen.

Übrigens hat die Bezeichnung „sozialer Wohnungsbau" bei Siedelwebern noch eine andere Bedeutung: Während die meisten Singvogelarten das erste Mal bereits brüten, wenn sie noch nicht einmal ein Jahr alt sind, brüten Siedelweber nur äußerst selten vor dem Erreichen des zweiten Lebensjahres. Daher treiben sich im Gemeinschaftsnest immer auch eine Menge noch nicht geschlechtsreife Jungvögel herum, die eine wichtige Aufgabe haben:

Die Gemeinschaftsnester der Siedelweber können gewaltige Dimensionen erreichen.

Sie unterstützen ihre Eltern nicht nur bei der Fütterung ihrer jüngeren Geschwister, sondern sorgen auch dafür, dass die Wohnröhren bequem ausgepolstert sind. Aber auch die Vogeleltern haben eine soziale Seite und versorgen manchmal den Nachwuchs der Nachbarschaft mit Futter, wenn es notwendig ist. Sind die Jungen nach zwei Jahren geschlechtsreif, müssen sie das Nest nicht verlassen, sondern lediglich das Appartement wechseln. Sie ziehen dann in eine leerstehende Röhre in der Nachbarschaft.

Das Multikulti-Haus

Das Siedelwebernest ist eine Art „Multikulti-Haus": Leerstehende Wohnungen im sozialen Wohnungsbau werden auch von anderen kleinen Vogelarten wie Rosenpapageien, Aschenmeisen oder Perlkäuzen genutzt. Auch Bilchmäuse und Dickfingergeckos suchen gerne einmal Unterschlupf im Multikulti-Haus. Häufigster Untermieter ist jedoch der Halsbandzwergfalke, ein kleiner Raubvogel, der sich normalerweise von kleinen Vögeln ernährt – und dazu gehören eigentlich auch die Siedelweber. Erstaunlicherweise verschont der räuberische Untermieter seine Vermieter jedoch weitgehend und schlägt nur sehr selten einen Siedelwebernestling. Ganz im Gegenteil: Halsbandzwergfalken, die für ihr ausgeprägtes Territorialverhalten bekannt sind, verteidigen ihr Revier, in dessen Zentrum das zur Untermiete bewohnte Gemeinschaftsnest liegt, erbittert gegen Artgenossen und andere Raubvögel – ein Verhalten, das wiederum der Sicherheit der Webervögel zugutekommt. Auch das Dach des riesigen Siedelwebernests findet bei anderen Vogelarten eine Verwendung. Große Vögel, wie Sekretäre oder Eulen, nutzen es gerne als Plattform für den eigenen Nestbau.

In extremen Dürrejahren, wenn im Süden Afrikas kaum noch ein frischer Grashalm auf den Weiden und Feldern zu finden ist, gehen manche namibische Farmer dazu über, die riesigen Gemeinschaftsnester aus Gras regelrecht von den Bäumen zu ernten, um sie anschließend als Viehfutter zu verwenden. Schließlich kann man mit einem durchschnittlich großen Siedelwebernest immerhin 40 Schafe 2 Tage lang sattbekommen. Langfristig gesehen ist die Entnahme der Nester jedoch kontraproduktiv: Denn die Siedelweber sind eifrige Schädlingsvertilger, die das Weideland in einem Umkreis von bis zu 1,6 Kilometern von gefräßigen Heuschrecken oder den als Weidevernichtern gefürchteten Grasschneidetermiten freihalten.

Aber worin liegt der Vorteil dieser riesigen Gemeinschaftsnester gegenüber einem Einzelnest? Warum unterziehen sich Siedelweber der Mühe, mit viel Einsatz einen gigantischen Massenwohnblock zu errichten, diesen ständig instand zu halten oder bei einem Absturz sogar komplett wieder neu aufzubauen? Nach Ansicht von Ornithologen spielen hier zwei Faktoren eine wichtige Rolle – Energieeffizienz und Sicherheit: Im Verbreitungsgebiet der Siedelweber, im südwestlichen Afrika, besonders in oder am Rande der Kalahari-Wüste, herrschen Temperaturen, die durchaus als lebensfeindlich bezeichnet werden dürfen: Glühendheiße Tage mit sengender Hitze werden von bitterkalten Nächten abgelöst. Aber im Gemeinschaftsnest der Siedelweber herrschen, dank dicker Polsterung, Tag und Nacht angenehme Temperaturen. Somit können sich die kleinen Vögeln dauerhaft in einer Gegend ansiedeln, in der sie das ohne diese Gemeinschaftsbauten nicht könnten. Zudem benötigen die Siedelweber durch den Bau von Gemeinschaftsnestern insgesamt deutlich weniger Nistmaterial. In einer Halbwüste bzw. Wüste ist dies ein nicht zu unterschätzender Nebeneffekt. Außerdem ist ein Gemeinschaftsnest deutlich leichter zu verteidigen als ein Einzelnest. Nähert sich ein Fressfeind dem Nest, hält die gesamte Siedelweberkolonie zusammen und verteidigt ihren „Wohnblock" gemeinsam. Da 300 Augenpaare mehr als 2 sehen, wird eine potenzielle Gefahr oft viel früher wahrgenommen. Auch der Erfahrungsaustausch in einem Gemeinschaftsnest ist von Vorteil – beispielsweise können durch interne Kommunikation neue Futterquellen oft schneller und effektiver erschlossen werden. Auch das hilft beim Energiesparen.

Das Huhn mit dem Thermometer im Schnabel

Thermometerhühner halten überhaupt nichts davon, ihre Eier selbst auszubrüten. Die nötige Brutwärme zu erzeugen, das überlassen die etwa 55 Zentimeter großen Vögel, die in den halbtrockenen Eukalyptusbuschgebieten im Südwesten und Süden Australiens zu Hause sind, lieber der Sonne und chemischen Gärungsprozessen. Die Hühner, die von Biologen zur Gruppe der sogenannten Großfußhühner gerechnet werden, legen ihre Eier in über Monate in mühevollster Kleinarbeit aus Reisig, Blättern und Rinde errichteten sogenannten Bruthügeln ab. In diesen Bruthügeln sorgen dann später Verrottungsprozesse und Sonnenwärme für die nötige Bruttemperatur. Konstruktion und Bau eines Bruthügels, inklusive der nötigen Instandsetzungsmaßnahmen, sind bei Thermometerhühnern fast ausschließlich Männersache.

Mit den Bauarbeiten für den Bruthügel beginnt das Thermometerhuhnmännchen bereits im Südwinter. Dazu gräbt der gefiederte Baumeister zunächst einmal mit Krallen und Schnabel eine rund drei Meter breite und etwa einen Meter tiefe Grube aus, die er mit Blättern und Zweigen aus der näheren Umgebung auffüllt. Sobald der in diesem Teil Australiens nur sehr spärlich ausfallende Winterregen für genügend Feuchtigkeit in der Grube gesorgt hat, beginnt der Hahn, das angefeuchtete Laub sofort mit großen Mengen Sand zu bedecken. Das macht er so lange, bis nach insgesamt vier Monaten harter Arbeit ein bis zu 1,5 Meter hoher und bis zu 4,5 Meter breiter Bruthügel entstanden ist. Für einen so kleinen Vogel wie das Thermometerhuhn ist das eine äußerst beeindruckende Leistung.

Im Frühjahr, wenn der Bruthügel fertiggestellt ist, lädt der Hahn, der zuvor jeden potenziellen Störenfried – und das schließt die Henne mit ein – erbarmungslos von seinem Hügel vertrieben hat, das Weibchen, das bereits ungeduldig in der Nähe des Bruthügels wartet, zur Eiablage ein. Das lässt sich nicht zweimal bitten und legt in etwa wöchentlichem Abstand insgesamt etwa 20 bis 30 wahrhaft gigantische Eier, die bei einem Gewicht von 200 Gramm fast ein Zehntel des Körpergewichts des gesamten Huhns auf die Waage bringen – eine nahezu unglaubliche Leistung. Somit macht die Eiproduktion des Thermometerhuhnweibchens insgesamt bis zum Dreifachen des eigenen Körpergewichts aus. Die Eier selbst werden einzeln in vom Hahn gegrabene Löcher gelegt, die der Herr des Bruthügels allerdings unmittelbar nach der Eiablage sofort wieder mit Laub und Sand bedeckt – ein Vorgang, der oft mehrere Stunden dauern kann. Sind die Wetterbedingungen schlecht und das Öffnen des Hügels würde ein unkalkulierbares Risiko für die bereits abgelegten Eier darstellen, verweigert der Hahn dem Weibchen konsequent die Eiablage.

Aber auch noch nach der erfolgreichen Eiablage bleibt die Arbeit am Bruthügel immer noch ein Fulltime-Job für den werdenden Vater. Gilt es doch jetzt, durch geschicktes Baumanagement die Temperatur im Bruthügel konstant auf den für den Brutvorgang idealen 33 Grad Celsius zu halten – unabhängig von den Temperaturen, die durch die Gärungsvorgänge im Hügel selbst entstehen oder indirekt durch das Wetter in der Umgebung verursacht werden. Um die ideale Temperatur im Bruthügel auch stetig zu gewährleisten, prüft der Hahn monatelang Tag und Nacht mit einem speziellen Thermosinnesorgan im Schnabelbereich die Temperatur an unterschiedlichen Stellen im Bruthaufen. Dann reguliert er je nach Bedarf die Bruttemperatur, indem er entweder Abdeckmaterial hinzufügt oder entfernt. Im Frühjahr, wenn die Gärungsprozesse am heftigsten sind, muss der fleißige Baumeister zum Beispiel Tag für Tag kleine Löcher in die Sanddecke graben, damit die überschüssige Gärungswärme entweichen kann. Nur so kann eine Überhitzung der Eier verhindert werden. Im australischen Sommer dagegen, wenn das Thermometer auf bis zu 46 Grad Celsius klettert, muss der Hahn das Gelege mit einer zusätzlichen Sandschicht vor allzu großer Erwärmung schützen. Im Herbst, wenn die Temperaturen zurückgehen, hat der Hahn eine raffinierte Doppelstrategie parat: Tagsüber verflacht er den Haufen und belässt nur

Die Sache mit der Heizspirale

In einem hochinteressanten Versuch konnte der australische Thermometerhuhnforscher Harry Frith übrigens bereits 1950 herausfinden, wie präzise dieser Wärmesensor im Schnabel des Thermometerhuhns arbeitet. Frith nutzte einfach eine kurze Abwesenheit eines Hahns und baute eine an einen Generator angeschlossene Heizspirale nebst Wärmemessfühler in den Bruthügel ein, mit deren Hilfe er die im Bruthügel herrschende Temperatur nach Belieben manipulieren konnte. Ob nun der Wissenschaftler die Temperatur künstlich erniedrigte oder erhöhte, der Hahn versuchte sofort, durch geeignete „Baumaßnahmen" die bevorzugten 33 Grad Celsius im Hügel wiederherzustellen. Frith konnte auch nachweisen, dass es sich beim Schnabelsensor des Hahns um ein Biothermometer der Extraklasse handelt. Der Hahn konnte mit seinem körpereigenen Messinstrument sogar Temperaturunterschiede von 0,5 Grad Celsius registrieren. Wie das Schnabelthermometer genau funktioniert, konnte allerdings bis heute noch nicht herausgefunden werden.

eine dünne Sandschicht über dem Hügel, damit die Sonne die Eier erwärmen kann. Gegen Abend dagegen überschüttet er das Gelege mit dem tagsüber aufgeheizten Sand. Diese Maßnahme schützt vor der nächtlichen Kühle.

Im März, nach rund 60 Tagen Brutzeit, schlüpfen die kleinen Thermometerhuhnküken, die gleich einiges zu tun haben. Denn sie müssen sich erstmal durch die diversen Reisig-, Laub- und Sandschichten an die Oberfläche buddeln. Das ist für die Kleinen ein äußerst mühsamer Prozess, der oft mehrere Stunden dauert. Danach suchen die Küken zunächst im nächsten Gebüsch Deckung, um sich gut geschützt von den Strapazen der Buddelei zu erholen. Erstaunlicherweise kümmert sich der stolze Vater, der sich zuvor monatelang fast rund um die Uhr um das Wohlergehen der Eier gesorgt hat, ab sofort nicht mehr um die Küken. Allerdings ist eine Brutpflege auch nicht notwendig, da die jungen Thermometerhühner bereits vom ersten Tag ihres Lebens an selbstständig sind. Sie können sich ohne die Hilfe von Mutter und Vater eigenständig ernähren und schaffen es sogar, obwohl noch nicht alle Federn ausgebildet sind, kurze Strecken im Flug zurückzulegen.

Erst jetzt, nachdem er nahezu zehn Monate am Bruthügel geschuftet und sicherlich mehrere Tonnen Material hin und hergeschoben hat, gönnt sich der Hahn eine kurze, aber auch verdiente Winterpause. Und die braucht er auch – im nächsten April beginnt die Hügelplackerei wieder von vorne.

Das tödliche Nest

Es gibt in Deutschland eine Vogelart, die allein durch ihren Nestbau schon mehrere Menschen getötet hat. Wir sprechen hier von einem kleinen Vogel, dem man das mit Sicherheit auf den ersten Blick nicht zutrauen würde: einer Dohle. Aber wie kann das Nest eines kleinen Rabenvogels einem Menschen gefährlich werden? Dazu muss man etwas weiter ausholen: Dohlen sind sogenannte Höhlenbrüter, die in der Zeit von März bis Mai ihre Nester gerne in Hohlräumen aller Art bauen. In der freien Natur bevorzugen sie Baumhöhlen und verlassene Spechthöhlen. Aber als sogenannte Kulturfolger leben viele Dohlen auch in Dörfern und Städten. Dort nisteten die Rabenvögel früher bevorzugt in Scheunen, Mauernischen und Dachstühlen. Aber heute macht der moderne Wohnungsbau den Dohlen das Leben in Sachen Brutangelegenheiten ziemlich schwer: Es fehlen alte Scheunen oder offene

Dachstühle. Auch im Mauerwerk finden sich kaum noch Spalten und Höhlen, in denen die Dohlen ihr Nest anlegen könnten. Andere Brutstätten sind durch Gebäudesanierungen unzugänglich oder zugemauert worden. Deshalb nisten Dohlen heute in unseren Städten und Dörfern vermehrt in den Schornsteinen von Wohnhäusern.

Bevor die Dohlen ein Nest im Schornstein bauen, testen sie jedoch zunächst sorgfältig aus, ob sich der Kamin überhaupt zum Nestbau eignet. Dazu lassen die Vögel, sozusagen als Testobjekte, alte Brötchen oder Knochenreste von oben in den Schornstein fallen. Am Klang des Fallgeräuschs können die schlauen Vögel hören, ob die Brötchen durch Unebenheiten der Bausubstanz anschlagen. Dann ist der Schornstein geeignet. Fallen die Testobjekte glatt durch, hat der Schornstein den Test nicht bestanden.

Wurde ein Schornstein als Nistort für gut befunden, werfen die Dohlen von oben zahlreiche Zweige in den Schornstein. Diese eingeworfenen Äste verhaken sich dann im Schornstein und bilden dadurch eine erste Grundlage für das künftige Dohlennest. Haben sich ausreichend Zweige in den Fugen des Schornsteins verkeilt, werfen die Dohlen vom Kaminrand weiteres Nistmaterial hinterher. Als Nistmaterial dient alles, was die Vögel in der näheren Umgebung finden können: Moos, Gras, Papiertaschentücher oder Plastiktüten. Der Nestbau dauert in der Regel nur wenige Tage. Die Nester, die oft drei bis vier Meter tief im Schornstein liegen, können dabei mehrere Kilogramm schwer werden und eine Mächtigkeit von über einen Meter einnehmen.

Gefährlich für uns Menschen werden die Dohlennester, wenn sie die Schornsteine so verstopfen, dass die Heizungsabgase, zum Beispiel das hochgiftige Kohlenmonoxid, nicht mehr abziehen und in der Wohnung zu einer tödlichen Gefahr für die Bewohner werden können. Da Kohlenmonoxid geruch- und farblos ist und zudem vom menschlichen Blut viel schneller aufgenommen wird als der lebensnotwendige Sauerstoff, droht den Bewohnern eine schnelle Vergiftung. Bemerkbar macht sich das Gas lediglich durch beschlagene Spiegel und Fenster oder feuchtwarme Luft im Heizungsraum. In den letzten Jahren sind in Deutschland mehrfach Menschen an einer Kohlenmonoxidvergiftung, die von Dohlen verursacht worden ist, gestorben. Die kondensierenden Abgase und die dadurch entstehende Feuchtigkeit können auch in der Wohnung große Schäden verursachen.

Sobald man ein Dohlennest im Schornstein bemerkt, sollte es der Schornsteinfeger so schnell wie möglich entfernen. Allerdings kann es jedoch passieren, dass die Dohlen dann über Nacht ein neues Nest bauen. Und das verfugen die cleveren Tieren nun oft auch noch mit Lehm, der nach kürzester Zeit hart wie Beton wird, sodass das Nest nur noch mit Spezialwerkzeugen, sogenannten „Harpunen" bzw. „Fallgranaten", entfernt werden kann. Als letztes Mittel bleibt das Aufstemmen des Schornsteins.

Hygienisch wohnen

Zecken, Läuse, Milben – Vögel, die diese üblen Gefieder- und Hautparasiten in ihrem Nest als Untermieter haben, müssen ganz schön leiden. Werden sie doch von diesen Blutsaugern oft im wahrsten Sinne des Wortes bis aufs Blut gequält – und das in ihrem eigenen Zuhause. Aber einige Vogelarten haben mittlerweile zum Gegenschlag ausgeholt und haben sehr interessante Methoden entwickelt, mit denen sie diese Plagegeister wieder loswerden können. Da gibt es zum Beispiel Vögel, die in Sachen Parasitenentfernung sogar zu Zigarettenkippen greifen. Südamerikanische Wissenschaftler haben bei einer Untersuchung in der größten Stadt der Welt, in Mexiko City, festgestellt, dass dort Sperlinge und Gimpel ihre Nester mit zerrupften Zigarettenkippen auspolstern. Sie wollen aber nicht die Zellulose der Zigarettenkippen als weiche Polsterung nutzen, sondern sie machen das aus rein hygienischen Gründen. Sperling und Co. haben scheinbar im Laufe der Zeit herausgefunden, dass gerauchte Zigarettenstummel große Mengen Nikotin und andere giftige Substanzen enthalten, die im Nest üble Parasiten wie Milben fernhalten. Diese Wirkung ist im Tier- und Pflanzenreich wohl bekannt. So wurde früher Nikotin mit großem Erfolg sowohl als Pflanzenschutzmittel gegen Blattläuse als auch in einigen Geflügelzuchten als Mittel gegen Hautparasiten eingesetzt.

Im Schnitt fanden die mexikanischen Wissenschaftler bei ihrer Untersuchung zwischen acht und zehn Zigarettenstummel in den Nestern der kleinen Vögel. Offensichtlich gilt auch im Vogelreich das Motto: „Viel hilft viel". Denn je mehr Zigarettenkippen im Nest angetroffen wurden, desto weniger Parasiten wurden registriert. Inwieweit das Nikotin, das laut dem Deutschen Krebsforschungszentrum giftiger ist als Arsen oder Zyankali, bei den Vögeln selbst zu gesundheitlichen Schädigungen führt, ist bisher noch nicht bekannt.

Aber wie gehen Vögel, die nicht in der Großstadt wohnen und denen somit keine Zigarettenkippen zur Verfügung stehen, gegen Nestparasiten vor? Sie setzen auf die Schädlingsbekämpfungsmittel, die Mutter Natur für sie bereithält. So weiß man zum Beispiel schon seit langem von einigen im Wald lebenden Vogelarten, dass sie ganz gezielt frische Blätter und anderes Pflanzenmaterial ins Nest bringen, das ätherische Öle enthält, die wiederum einen Parasiten abwehrenden Effekt besitzen. Sperlinge setzen zum Beispiel vor allem auf Rosmarin und Lavendel. Spatzen, clever wie sie bekanntermaßen sind, haben noch eine weitere Methode entwickelt, mit der sie ihr aus über 3000 Federn bestehendes Gefieder von Ungeziefer reinigen können: Sie gönnen sich einfach ein ausgiebiges Sandbad. Dieses Baden im Sand hat den kleinen Vögeln völlig zu Unrecht die Bezeichnung „Dreckspatz" eingebracht. Denn, wie gesagt, ein Sandbad ist keineswegs ein Zeichen von Unsauberkeit, sondern ganz im Gegenteil eine erstklassige Hygienemaßnahme.

Steine gegen Sex

Spektakulär sind die Nester der Adeliepinguine nicht – aber ihr Baumaterial: Die kleinen Frackträger, die vor allem auf der Ross-Insel in der Antarktis zu Hause sind, bauen ihre Nester aus kleinen Steinchen. Nur so ist gewährleistet, dass die Eier sich bei

Adeliepinguine benötigen dringend kleine Steinchen zum Bau ihrer Nester.

einsetzendem Tauwetter nicht plötzlich in einer großen Pfütze eiskalten Wassers wiederfinden. Eigentlich leben Adeliepinguine in festen, eheähnlichen Brutgemeinschaften – aber nur eigentlich. Denn die Steinchen, die die Pinguindamen so dringend zum Nestbau benötigen, sind in der Antarktis relativ selten und daher nicht einfach zu beschaffen. Daher haben sich die Pinguinweibchen eine, aus menschlicher Sicht unmoralische Strategie einfallen lassen, um in den Besitz der kostbaren Steinchen zu gelangen. Sie prostituieren sich. Fehlt es den Pinguindamen an Nistmaterial, stehlen sie sich heimlich vom heimischen Nest weg und watscheln zum Nest eines Pinguinjunggesellen, dem sie im Austausch für ein Steinchen heißen Sex anbieten. Und das mit großem Erfolg – auch Pinguinmännchen sind eben auch nur Männer! Nach dem Akt kehren die Pinguinprostituierten zwar mit dem dringend benötigten Nistmaterial, aber wohl ohne Reue, zu ihren „Ehemännern" zurück. Käufliche Liebe in der Nähe des Südpols – wer hätte das gedacht. Manchmal genügt es offensichtlich aber auch, wenn eine Pinguindame die geneigten Freier lediglich optisch verführt. So berichten britische Wissenschaftlerinnen von einer besonders verführerischen und raffinierten Pinguindame, die innerhalb einer einzigen Stunde insgesamt 62 Steinchen allein durch heftiges Schwanzwedeln von verschiedenen Verehrern bekommen hat, ohne dass die Freier auch nur annähernd in den Genuss eines Schäferstündchens gekommen wären.

Wohnlandschaften für Pelzträger

Im Gegensatz zu den Vögeln ist die Anzahl der Stararchitekten oder Elitebaumeister bei den Säugetieren
überschaubar. Die meisten Säugetiere nutzen, wenn
überhaupt, bereits vorhandene natürliche Gegebenheiten, wie etwa Höhlen, als Wohnung bzw. legen beim Bau
eher Wert auf Sicherheit als auf Raffinesse oder Komfort.
Aber es gibt auch Ausnahmen: Was Biber, Maulwürfe
und Präriehunde architektonisch auf die Beine stellen,
kann durchaus mit der Baukunst unserer gefiederten
Freunde mithalten, ja übertrifft sie in einigen Punkten
sogar deutlich. Oder kennen Sie einen Vogel, der sich
seinen Lebensraum selbst gestalten kann?

Baummikado unter Wasser

Ein perfekter Schwimmer

Biber sind so etwas wie die Stars unter den Nagetieren. Das hat gleich mehrere Gründe: Es fängt schon bei der Größe an. Die bis zu 1,30 Meter langen und bis zu 30 Kilogramm schweren Tiere sind nicht nur die mit Abstand größten Nagetiere Europas, sondern nach dem südamerikanischen Wasserschwein sogar die zweitgrößten Nager der Welt. Aber neben seinem sprichwörtlichen Fleiß sind es vor allem seine überragenden Fähigkeiten als Baumeister und seine raffinierte Ingenieurskunst, die den Biber zu einem der bekanntesten Tiere überhaupt gemacht haben. Zudem hat der Biber noch eine einmalige Eigenschaft: Er ist das einzige Tier, das sich seinen Lebensraum selbst gestalten kann. Das schafft sonst nur noch der Mensch.

Der platte Schwanz des Bibers ist ein echtes Multifunktionsgerät.

Aber der Reihe nach: Das Lebenselement eines Bibers ist – im Gegensatz zu den meisten anderen heimischen Säugetieren – das Wasser. Im kühlen Nass fühlt sich ein Biber deutlich wohler als auf dem Land. Beobachtet man einen Biber beim Landgang wirken seine Bewegungen – aufgrund seiner kurzen Beine und seines doch etwas plumpen Körperbaus – auf den Betrachter ziemlich schwerfällig und unbeholfen. Einen ganz anderen Eindruck vermittelt dagegen ein schwimmender Biber. Elegant und nahezu mühelos gleiten die Tiere dahin. Dafür sorgt eine Anatomie, die nahezu perfekt an ein Leben im Wasser angepasst ist: Biber haben einen spindelförmigen Körper – die Körperform mit dem geringsten Wasserwiderstand. Für den nötigen Vortrieb beim Schwimmen sorgen die großen, mit Schwimmhäuten ausgestatteten Hinterfüße. Die Vorderfüße dagegen bleiben passiv und werden beim Schwimmen eng an den Körper angelegt. Das verringert den Wasserwiderstand. Alle wichtigen Sinnesorgane, wie Nase, Augen und Ohren, befinden sich relativ hoch am Kopf und liegen dort auf einer gedachten Linie. Diese hohe Positionierung ermöglicht es dem Biber, bei einer drohenden Gefahr fast seinen gesamten Körper im Wasser zu verbergen und dennoch mithilfe aller seiner Sinne seine Umwelt sehr genau zu beobachten.

Biber sind jedoch nicht nur exzellente Schwimmer, sondern auch hervorragende Taucher. Ein normaler Bibertauchgang dauert meistens zwischen 2 und 5 Minuten. Die Nager können aber durchaus auch bis zu 20 Minuten unter Wasser bleiben. Ermöglicht wird diese lange Tauchzeit durch die Fähigkeit des Bibers, größere Mengen an Sauerstoff in seinem Muskelgewebe zu speichern. Beim Tauchen kann der Biber Nase und Ohren verschließen. Seine Augen sind dann durch eine Nickhaut geschützt.

Wer sich so oft im doch meist kalten Wasser aufhält wie der Biber, braucht ein besonders dichtes Fell, um nicht auszukühlen. So ist es kein Wunder, dass das Fell eines Bibers eine der größten Haardichten im Tierreich überhaupt aufweist: Während es das

Rückenfell des Bibers auf bis zu 12 000 Haare auf den Quadratzentimeter bringt, wachsen auf der Bauchseite sogar bis zu 23000
Haare pro Quadratzentimeter. Zum Vergleich: Unsere Kopfhaut
hat nur 600 Haare pro Quadratzentimeter. Das Haarkleid des
Bibers besteht dabei aus zwei unterschiedlichen Haartypen. Die
kürzeren und feineren Haare der Unterwolle haben die Aufgabe,
beim Tauchvorgang die Luft im Fell zu halten und durch dieses
Luftpolster für einen ausreichenden Wärmeschutz zu sorgen. Außerdem dient das Luftpolster auch noch als Auftriebshilfe. Die
Aufgabe der deutlich längeren und auch robusteren Deck- oder
Grannenhaare ist es dagegen, die Wollhaare vor dem Eindringen
von Wasser zu schützen. Um das Fell auch wasserdicht zu halten, wird es vom Biber regelmäßig mit einem fetthaltigen Sekret
aus den Analdrüsen eingefettet. Zum Einfetten und Striegeln der
Haare benutzt der Biber dabei kammartige Doppelkrallen an der
zweiten Zehe der Hinterfüße, die sogenannten „Putzkrallen". Das
Biberfell des europäischen Bibers ist in der Regel hell- bis dunkelbraun gefärbt. Der Pelz seines amerikanischen Vetters ist dagegen
meist dunkler und besitzt auch eine etwas dichtere und langhaa-
rigere Unterwolle.

Das auffälligste Merkmal eines Bibers ist jedoch sein breiter,
platter Schwanz. Dieser, lediglich mit einer ledrigen Haut über-
zogene Schwanz ist ein bemerkenswertes Multifunktionsinstru-
ment. Die „Kelle", wie der rund 35 Zentimeter lange, abgeflachte
Schwanz des Bibers in der Jagdsprache auch bezeichnet wird,
erfüllt im Biberleben ganz unterschiedliche Funktionen: Beim
Schwimmen dient der Schwanz nicht nur zur Unterstützung des
Vortriebs, sondern auch zur Steuerung und als Abtauchhilfe.
Nimmt der Biber dagegen eine sitzende Position ein, etwa beim
Benagen von Bäumen, fungiert der Schwanz als stützendes Ele-
ment. Im Winter dient die Kelle als Fettspeicher, während sie im
Sommer eine wichtige Funktion als Wärmeregulator inne hat:
Steigt das Thermometer deutlich über 20 Grad Celsius kann
„Meister Bockert", wie der Biber in der Fabel auch genannt wird,

überschüssige Körperwärme direkt über den Schwanz in das Wasser abgeben. Zudem dient die Biberkelle als wirkungsvolles Kommunikationsinstrument: Bei Gefahr klatscht der Biber mit dem Schwanz auf die Wasseroberfläche und warnt durch die entstehenden Geräusche seine Artgenossen, die sich so rechtzeitig in Sicherheit bringen können. Ab und zu fungiert der Schwanz des Bibers auch als eine Art „lebendiges Floß" für den Bibernachwuchs. Aber die Kelle dient keineswegs als Werkzeug zum „Plätten" der Biberdämme – wie fälschlicherweise immer noch behauptet wird. Es gibt offensichtlich eben doch noch einige wenige Dinge, die auch das Multifunktionsgerät Biberschwanz nicht leisten kann.

Fastenspeise Biber

Der flache, beschuppte Schwanz des Bibers und seine amphibische Lebensweise waren es auch, die es früher findigen Mönchen erlaubten, ein Schlupfloch in den strengen Geboten der Fastenzeit zu finden. Seit dem Jahre 590 war den Gläubigen durch einen Erlass Papst Gregor I. der Verzehr „warmblütiger" Tiere strikt untersagt. Fisch dagegen war als Fastenspeise ausdrücklich erlaubt. So legitimierte der Jesuitenpater Pierre-Francois-Xavier Charlevoix 1754 den Verzehr von Biberfleisch während der Fastenzeit mit dem Satz: „Bezüglich seines Schwanzes ist der Biber ganz Fisch." Bereits rund 300 Jahre vorher hatte das, vom sogenannten Gegenpapst Johannes XXIII. einberufene Konzil zu Konstanz mit dem lapidaren Satz „Biber, Dachs, Otter – alles genug" erklärt, dass es sich beim Biber, da er vorwiegend im Wasser lebe, zweifelsohne um einen Fisch handle und dass sein Verzehr deshalb in der Fastenzeit selbstverständlich erlaubt sei. Den wissenschaftlichen Unterbau für diese aus biologischer Sicht kühne Klassifikation lieferten den Kirchenmännern die vom Heiligen Thomas von Aquin verfasste *Summa theologica* aus dem

Jahr 1265. Diese Schrift wird von vielen Theologen auch heute noch als das bedeutendste philosophisch-theologische Werk überhaupt angesehen. Darin wird explizit erklärt, dass es bei der Klassifizierung eines Tieres nicht nur auf seine Anatomie, sondern auch auf seine Lebensgewohnheiten ankomme. So wurde das wohlschmeckende Säugetier Biber vor allem in den Klöstern dieser Welt kurzerhand zum Fisch erklärt und es wundert nicht, dass vor allem bei den Kathäusermönchen, denen generell der Verzehr von Fleisch untersagt ist, bald zahlreiche Biberrezepte kursierten.

Die zeitgenössische weltliche Wissenschaft sah im Biber dagegen eine Art „Mischwesen". So befand die zwischen 1773 und 1858 geschaffene *Oeconomische Encyclopädie*: „Die Gewohnheit, welche die Biber haben, den Schwanz und den ganzen Hintertheil des Körpers beständig im Wasser zu halten, hat, wie es scheint, die Natur ihres Fleisches geändert. Das Fleisch der vordern Theile bis an die Nieren hat die Beschaffenheit, den Geschmack und die Festigkeit von dem Fleische der Thiere, die in der Luft und auf dem Lande leben. Das von den Schenkeln und dem Schwanze hat den Geruch, Geschmack und alle Eigenschaften des Fisches."

Selbstschärfende Zähne

Außer seinem Lebensraum Wasser gibt es allerdings noch etwas, auf das ein Biber in seinem Revier auf keinen Fall verzichten kann: Bäume. Bäume sind von essenzieller Bedeutung im Biberleben, dienen sie doch dem großen Nager zum einen als Nahrung, zum anderen benötigt er sie dringend als Baumaterial bei der Errichtung seiner berühmten Wohnburgen und Dämme. Aus diesem Grund bevorzugt der Biber bei der Wahl seiner Wohngewässer Fließgewässer und Seen mit flachen Ufern, an deren Rand zahlreiche Bäume stehen.

Aber bevor ein Baum genutzt werden kann, muss er zunächst gefällt werden. Für den Biber ist das kein Problem. In Sachen Baumfällen kann dem Biber kein anderes Nagetier auch nur annähernd das Wasser reichen. Dafür sorgen alleine schon seine vier langen orangeroten Schneidezähne, die sich beim Nagen von selbst schärfen. Für diesen Selbstschärfeeffekt sorgt eine unterschiedliche Beschichtung an Vorder- und Rückseite der Schneidezähne. Diese sind wie bei allen anderen Landsäugetieren komplett mit einer harten Schmelzschicht aus Hydroxyapatit überzogen, allerdings zusätzlich noch an der Vorderseite mit diversen Eisenverbindungen verstärkt, die auch für die besondere Farbe sorgen. Da die Eisenverbindungen jedoch wesentlich härter sind als der normale Schmelz, nutzt sich die Vorderseite der Zähne beim Nagen wesentlich langsamer ab als die Hinterseite. Das wiederum führt zu einer scharfen Schnittkante und damit zum bereits erwähnten Selbstschärfeeffekt, den man sich mittlerweile auch in der Bionik bei der Konstruktion von selbstschärfenden Messern, Schreddern und anderen Werkzeugen zu Nutze macht.

Im Gegensatz zu den Backenzähnen haben die Schneidezähne des Bibers eine offene Zahnwurzel und können ein Leben lang nachwachsen – immerhin bis zu einem Millimeter pro Tag. Diese Fähigkeit ist für den Biber nahezu überlebensnotwendig. Nur so kann er den durch den Selbstschärfeeffekt bedingten hohen Zahnverschleiß ausgleichen und verhindern, dass er eines Tages nur noch über unnütze Zahnstummel verfügt. Dafür, dass der Biber mit seinen scharfen Zähnen wirklich kraftvoll zubeißen kann, sorgt eine ziemlich ausgeprägte Kiefermuskulatur mit einer Kaukraft von immerhin 80 Kilogramm. Wir Menschen können da gerade mal mit der Hälfte aufwarten.

Übrigens können Biber auch unter Wasser nagen. Das gewährleistet eine spezielle Hautfalte, mit der der Biber seinen Rachen bei Bedarf vor eindringendem Wasser schützen kann.

Seine ultrascharfen Zähne setzt der Biber jedoch nicht nur zum Holzfällen ein, sondern auch als eine überaus gefürchtete Waffe. Diese bekommen meist seine Artgenossen zu spüren, da Biber äußerst territoriale Tiere sind, die überhaupt keinen Spaß verstehen, wenn fremde Artgenossen in ihr Revier eindringen. Deshalb kommt es in einer solchen Situation zwischen Revierinhaber und Eindringling oft zu erbittert geführten Kämpfen, die nicht nur den Verlierer dieser Kämpfe das Leben kosten können. Denn die Duellanten fügen sich bei ihren Auseinandersetzungen mit den rasiermesserscharfen Zähnen oft extrem tiefe Bisswunden zu, die tödlich sein können, wenn sie sich mit Bakterien infizieren.

Trotz der scharfen Zähne bevorzugt der Biber ein Revier mit sogenannten Weichhölzern wie Weiden, Pappeln, Birken oder Erlen. Diese lassen sich deutlich leichter und weniger zeitintensiv fällen als Harthölzer wie Eichen, Ulmen oder Eschen. Ist der zu fällende Baum ausgewählt, haken sich die Biber mit den oberen Schneidezähnen in der Rinde fest, die unteren Zähne leisten die Raspelarbeit. Da ein Biber den Stamm von allen Seiten benagt, entsteht bald am Baum die berühmt-berüchtigte „Sanduhr" – ein untrügliches Zeichen, dass hier ein Biber am Werk war. Ganz ungefährlich ist die Nagerei für den kleinen Baumeister nicht: Es wurden schon tote Biber gefunden, die vom selbst gefällten Baum erschlagen worden waren.

Die Geschwindigkeit, mit der ein Biber einen Baum fällt, ist nicht nur von der Härte des Holzes, sondern vor allem auch vom Durchmesser des Stammes abhängig. Für eine Erle mit einem Stammdurchmesser von 10 Zentimetern braucht ein Biber nur ein halbe Stunde. An einer 40 Zentimeter dicken Birke sitzt er dagegen fast die ganze Nacht. Theoretisch können Biber sogar Bäume mit einem Stammdurchmesser von bis zu einem Meter fällen. Dazu sind dann aber schon mehrere Nächte unermüdlichen Nagens nötig. In der Praxis bevorzugen die Biber aber Bäume mit einem Durchmesser zwischen 8 bis 20 Zentimetern.

Manchmal kommt es auch vor, dass ein vom Biber gefällter Baum nicht auf den Boden bzw. ins Wasser fällt, sondern im Geäst eines benachbarten Baumes hängen bleibt. Dann war möglicherweise die Arbeit einer ganzen Nacht vergebens. Es ist ein sich hartnäckig haltendes Gerücht, dass die Biber die Fallrichtung des von ihnen gefällten Baumes – immer in Richtung Gewässer – bestimmen können. Diese Fähigkeit würde den Abtransport des Holzes für den Biber ungemein erleichtern. Die Bäume fallen jedoch aus einem ganz anderen Grund oft in Richtung des angrenzenden Gewässers: Manchmal ist die Fallrichtung bereits schon vom Wuchs des Baumes vorgegeben, da die Baumkrone auf der „Gewässerseite" dank der größeren Lichteinstrahlung oft deutlich stärker ausgeprägt und damit auch schwerer ist. Dadurch ist die Wahrscheinlichkeit groß, dass ein Baum in Richtung Gewässer fällt.

Unterwasserburgen

Berühmt gemacht haben den Biber seine Burgen – aufwendig konstruierte Wohnbauten, meist mitten in einem See gelegen, die über 3 Meter hoch und über 10 Meter breit sein können. Zum Bau dieser Burgen häufen die Biber zunächst auf dem Grund des Sees so lange Stämme, Zweige, Steine und Schlamm an, bis die so entstandene künstliche Insel 1 bis 2 Meter über den Wasserspiegel hinausragt. Im Inneren der Burg legt der Biber dann durch umfangreiche Wühl- und Grabarbeiten einen sogenannten „Wohnkessel" an. Diese spezielle Kammer kann einen Durchmesser von bis zu 2 Metern und eine Höhe von bis zu 60 Zentimetern haben. Der Wohnkessel ist das eigentliche Zuhause des Bibers. Hier ruht sich das nachtaktive Tier – gut geschützt durch oft meterdicke Wände – tagsüber von den Strapazen der Arbeit aus und hier bringt auch das Weibchen seine Jungen zur Welt.

Biberburgen ragen oft bis zu
2 Meter über den Wasserspiegel
hinaus.

Weil es auch Biber gerne gemütlich haben, kleiden sie den Wohnkessel sehr sorgfältig mit Blättern und anderem Pflanzenmaterial aus. Dadurch bleibt der Kessel außerdem schön trocken und wohltemperiert. Die Wohnkammer befindet sich immer über der Wasserlinie, während ihre Zugänge immer deutlich unter der Wasseroberfläche liegen. So wird verhindert, dass Fressfeinde in die Burg eindringen können. Zur Belüftung des Kessels sparen die Biber ein kleines Loch in der Decke aus.

Beim Europäischen Biber ist im Gegensatz zu seinem kanadischen Vetter der Bau einer freistehenden Wasserburg eher die Ausnahme als die Regel. Schließlich bedeutet es für den Biber einen enormen Aufwand an Zeit und Energie, das Holzmaterial zum Bau der Burg zu fällen, zu transportieren und anschließend auch noch zu verbauen. Der Europäische Biber buddelt sich, wenn er die Gelegenheit hat, wesentlich lieber eine Höhle in die Uferböschung, als mit großem Aufwand eine Wasserburg zu errichten. Voraussetzung ist allerdings ein ausreichend steiles Ufer seines Wohngewässers. Die selbstgegrabenen Höhlen besitzen ebenfalls einen Wohnkessel von rund einem Meter Durchmesser, zu dem mehrere unterirdische Röhren führen, deren Eingänge alle unter der Wasseroberfläche liegen. Die Röhren steigen in Richtung Wohnkessel leicht an. So wird vermieden, dass der Wohnraum des Bibers nass oder überflutet wird. Oft liegt der Wohnkessel direkt unter dem Wurzelwerk eines Baumes. Dadurch ist der Wohnbereich auch von oben gut geschützt.

Steigt der Wasserstand seines Heimatgewässers, muss der Biber auch seinen Wohnkessel weiter nach oben verlegen. Dazu bedient er sich eines einfachen, aber genialen Tricks: Er schabt mit seinen scharfen Zähnen Erdmaterial von der Kesseldecke ab, das dann nach unten fällt und dort den Kesselboden erhöht. Mit dieser Technik kann der Biber den gesamten Kessel Stück für Stück nach oben verlagern. Allerdings sind dieser Technik durch die Erdoberfläche Grenzen gesetzt. In diesem Fall deckt der Biber seine Höhle zusätzlich zum Schutz gegen Fressfeinde „von oben" mit Ästen und Zweigen ab.

Die meisten Biber statten ihr Revier gleich mit mehreren Erd-höhlen aus. Allerdings wird nur einer dieser Bauten auch in der kalten Jahreszeit genutzt und durch den Eintrag von Pflanzenma-terial winterfest gemacht. Zusätzlich zu ihren Wohnkesseln legen Biber dann in der Uferböschung oft noch sogenannte „Fluchtröh-ren" an – kurze Röhren, in die sich die Tiere bei Gefahr schnell zurückziehen können, ohne dafür den manchmal zeitaufwendi-gen Weg zu ihrer Hauptwohnung antreten zu müssen.

Treue und Wanderschaft

Biber gehören zu den wenigen Säugetieren, die monogam leben. Nur wenn der Partner stirbt, sucht sich die Biberwitwe bzw. der Biberwitwer einen neuen Partner. Eine Biberfamilie besteht in der Regel aus dem Elternpaar und ihren ein- und zweijähri-gen Jungtieren. Kommen die Jungbiber im Alter von etwa zwei Jahren in die Pubertät, müssen sie die Biberfamilie verlassen und sich sowohl einen Partner erobern als auch ein eigenes Revier suchen. Manchmal bilden dabei mehrere pubertierende Biber eine Junggesellengruppe und begeben sich eine Zeitlang gemeinsam auf die Wanderschaft. Bei sehr großen Revieren müssen die jungen Biber jedoch nicht zwangsläufig das elter-liche Revier verlassen. Dann kann es durchaus zur Bildung eines Mehrgenerationenreviers kommen, in dem über 20 Biber aller Altersstufen friedlich zusammenleben. Bei Bibern sind die Männchen von den Weibchen übrigens rein äußerlich kaum zu unterscheiden.

Staudämme

Gefährlich wird es für den Biber, wenn der Wasserpegel seines Heimatgewässers sinkt. Dann kann es passieren, dass sich auf einmal die Eingänge seiner Burg oberhalb der Wasseroberfläche befinden und plötzlich Fressfeinden der Zugang zum Bau der Biber möglich ist. In diesem Fall beginnen Biber sofort damit, ihre berühmten Dammbauten anzulegen. Nur durch Aufstauen ihres Gewässers schaffen sie es, dass die Eingänge zu ihrer Burg wieder da liegen, wo sie auch hingehören –mindestens 60 Zentimeter unter der Wasseroberfläche.

Um einen Staudamm zu errichten, zerlegt der Biber zunächst die von ihm gefällten Bäume in handliche Stücke und transportiert sie nach und nach schwimmend zur geplanten Dammbaustelle. Dabei gilt: Je dicker der Stamm ist, desto kürzere Stücke werden produziert. An Ort und Stelle werden die Holzstücke dann senkrecht in den Boden gerammt und mit Steinen verankert. Das so entstandene Grundgerüst wird anschließend mit Schlamm bzw. kleineren Ästen, Wasserpflanzen und Blättern abgedichtet. Allerdings errichten Biber ihre Staudämme auch noch aus einem weiteren Grund – aus Bequemlichkeit. Die schlauen Tiere haben herausgefunden, dass sie durch Aufstauen eines Fließgewässers einen See errichten können, dessen Ufer direkt an die Bäume heranreicht. So können sie Nahrung und Baumaterial aus dem Wasserweg wesentlich leichter transportieren als auf dem beschwerlichen Landweg.

Beim Dammbau behält der Biber immer das Gesamtbild im Auge: So baut er an verzweigten Flüssen oder größeren Bächen oft mehrere Dämme, um sicherzugehen, dass Größe und Wasserstand seines Wohngewässers wirklich ausreichen. Aber auch wenn die Fähigkeit, Dämme zu bauen, bei dem Biber angeboren ist, baut er nur, wo es notwendig ist. Genügen Größe und Wassertiefe seines Wohngewässers, spart er sich Zeit und Mühe, extra einen Damm anzulegen.

In Mitteleuropa sind die meisten Biberdämme weniger als 30 Meter breit und etwa 1 Meter hoch. Beim kanadischen Vetter des Europäischen Bibers sieht das anders aus. Der baut oft wahre Monsterdämme von mehreren hundert Metern Länge und mehreren Metern Höhe. Manche dieser Riesendämme sind so breit bzw. auch so stabil, dass ein Mensch problemlos darauf gehen und sogar reiten kann. Den wahrscheinlich größten Biberdamm der Welt hat übrigens 2007 der kanadische Umweltforscher Jean Thie im Wood-Buffalo-Nationalpark in Alberta in Nordwestkanada entdeckt. Der Wissenschaftler war beim Betrachten von Satellitenbildern eher zufällig auf das rund 850 Meter lange Bauwerk gestoßen. Nach Untersuchungen von Thie existiert der Damm bereits seit Mitte der 1970er-Jahre. Das bedeutet, dass am Bau des Riesendamms gleich mehrere Bibergenerationen beteiligt waren. Da der Damm in einem unzugänglichen Sumpfgebiet liegt, kann er nur per Helikopter erreicht werden. Gibt man aber bei *Google Earth* die Koordinaten 58°16'15.27" N und 112°15'07.10" ein, kann man das gewaltige Biberbauwerk zumindest aus der Vogelperspektive genauer betrachten.

Vor der Entdeckung des kanadischen Monsterdamms war ein Biberdamm in der Nähe der Stadt Three Forks im US-Bundesstaat Montana mit einer Länge von 652 Metern Weltrekordhalter. Zum Vergleich: Ein durchschnittlicher nordamerikanischer Biberdamm hat eine Länge von etwa 400 Metern. Als Faustregel für die Bauzeit gilt: Für rund 10 Meter Damm benötigt eine komplette Biberfamilie etwa eine Woche.

Da ein gut funktionierender Damm für den Biber überlebensnotwendig ist, kontrollieren die Tiere ihr Bauwerk täglich und stellen etwaige Mängel sofort ab. So werden leckende Stellen meist noch in derselben oder zumindest in der folgenden Nacht abgedichtet. Auch in Notsituationen erweist sich der Biber als perfekter und vor allem vorausschauender Baumeister. Wenn nach starken Regenfällen die Gefahr droht, dass reißende Fluten seinen Damm wegreißen, öffnet der vierbeinige Dammbauer kurzfristig seinen Damm. Dadurch kann ein Teil des Hochwassers schnell abfließen und der Druck auf den Damm wird deutlich reduziert.

Ist ein Fließ- oder ein Stillgewässer bereits längere Zeit von Bibern besiedelt, finden sich dank der unermüdlichen Bautätigkeit der großen Nagetiere oft in der näheren Umgebung keine Bäume mehr. Aber auch in diesem Fall weiß sich der Biber zu helfen: Er gräbt neue Kanäle zu anderen, noch mit Bäumen bestandenen Gewässern, auf denen er die dort gefällten Baumstämme bequem auf dem Wasserweg in sein Heimatrevier transportieren kann. Solche vom Biber gegrabenen Wasserstraßen können bis zu 500 Meter lang werden. Durch die Anlage dieser Kanäle wird oft die Landschaft radikal verändert. Es kann durchaus passieren, dass durch die eifrige Grabtätigkeit der Biber nicht nur ganze Flusssysteme umgeleitet werden, sondern auch ganze Seen komplett trockenfallen.

Biberfieber

Wer in den USA oder in Kanada einen Trip in die Wildnis unternimmt, sollte kein unbehandeltes Wasser aus Seen oder Flüssen trinken. Besteht doch eine relativ große Gefahr, dass man sich dabei das sogenannte Biberfieber einfängt. Der Erreger dieser Krankheit, die sich durch Magenprobleme, Krämpfe, Durchfall und Fieber äußert, ist ein kleiner Einzeller namens Giardia lambia, der meist zusammen mit dem Biberkot ins Wasser gelangt. Diese Tatsache hat der Krankheit, die in der Wissenschaft Giardiasis heißt, den volkstümlichen Namen Biberfieber eingebracht.

Kein Fischräuber, sondern ein Veganer

In früheren Zeiten wurde der Biber auch deshalb erbarmungslos gejagt, weil man ihn, ebenso wie den Otter, für einen Fischräuber erster Güte und damit einen Nahrungskonkurrenten hielt. Biber sind jedoch reine Vegetarier, genauer gesagt, reine Veganer. Im Frühjahr und Sommer stehen in erster Linie Kräuter wie Beinwell, Brennnessel, Sumpfkresse, Pfeilkraut und diverse Seggenarten, die entlang der Wohngewässer der Biber wachsen, auf dem Speisezettel der großen Nager. Aber auch die stärkereichen Knollen von Wasserpflanzen und Jungtriebe bzw. Blätter von Weichhölzern werden gerne genommen. Ab und zu bedient sich der Biber auch einmal auf einem nahe gelegenen Getreidefeld oder einer Streuobstwiese. Im Prinzip frisst der Biber in dieser Jahreszeit alles in seiner näheren Umgebung, was ihm gut schmeckt und einen hohen Energiegehalt aufweist. Allerdings entfernen sich Biber bei der Nahrungssuche selten weiter als 15 Meter vom Ufer ihres Wohngewässers.

Im Winter steht dagegen meist die Rinde kleinerer Bäume auf dem Speiseplan der Biber. Da die fleißigen Nager keinen Winterschlaf halten, legen sie sich im Herbst für die kalte Jahreszeit meist einen hübschen Holzvorrat als Winternahrung in der Nähe ihrer Burg an. Dazu zerlegen die Biber die von ihnen gefällten Bäume in handliche und vor allem auch transportfähige Stücke von 60 bis 80 Zentimetern Länge. Diese Stücke werden dann in unmittelbarer Nähe der Wohnburg tief in den Gewässerboden gerammt und bilden dadurch eine Art Unterwasserspeicher, der vom Biber auch dann gut erreicht werden kann, wenn sein Heimatgewässer zugefroren ist. Die Unterwasserspeicher können dabei beachtliche Größen erreichen: So konnten russische Forscher zeigen, dass eine normale Biberfamilie im Woroneschgebiet durchschnittlich rund 100 Bäumchen mit einem Stammdurchmesser zwischen 8 und 35 Zentimeter Durchmesser als Vorrat für die kalte Jahreszeit einlagert.

Nach dem Fressen kommt naturgemäß die Verdauung, die beim Biber, aus menschlicher Sicht betrachtet, nicht gerade appetitlich ist. Denn Biber fressen ihren eigenen Kot. Dieses Verhalten – in der Wissenschaft etwas wohlklingender als Koprophagie bezeichnet – ist aber notwendig, da ein Großteil der Nahrung des Bibers aus Pflanzenfasern besteht. Deren Hauptbestandteil Zellulose können Säugetiere normalerweise nicht mithilfe körpereigener Enzyme zu verwertbarem Zucker abbauen. Der Biber allerdings hält sich – wie viele andere Nagetiere auch – in seinem vergrößerten Blinddarm, dem sogenannten Caecum, symbiontische Bakterien, die sehr wohl in der Lage sind, Zellulose abzubauen. Der von den Bakterien im Blinddarm vorverdaute Nahrungsbrei wird nach der Ausscheidung vom Biber sofort wieder aufgenommen und dann regulär im Magen verdaut. Der eigentliche Kot des Bibers besteht aus Holzresten, die auch mithilfe von Bakterien nicht verdaut werden können. Ein erwachsener Biber braucht etwa zwei Pfund Nahrung am Tag.

Gelungene Wiedereinbürgerung

Bis vor rund 50 Jahren sah es für die Zukunft des Europäischen Bibers ziemlich schlecht aus. Einst in Mitteleuropa weitverbreitet, war der Biber gegen Mitte des 19. Jahrhunderts bis auf vier kleine Vorkommen in Frankreich, Schweden Polen und an der Mittelelbe gnadenlos ausgerottet worden. Für diesen dramatischen Rückgang gab es mehrere Gründe: Zum einen wurde der Biber irrtümlich als vermeintlicher Fischräuber und somit unliebsamer Nahrungskonkurrent des Menschen betrachtet. Zum anderen war es sein dichter Pelz, der nicht nur bei der Herstellung wärmender Mäntel und Jacken Verwendung fand, sondern vor allem auch wegen seiner feinen Wollhaare für die Hutherstellung äußerst begehrt war.

Aber nicht nur der Wunsch, möglichst viele der so wunderbar dichten Felle zu erbeuten, führte zu einer intensiven Bejagung des Bibers. Noch begehrter als ein Biberpelz war früher das sogenannte Bibergeil oder Castoreum, eine bräunliche, harzartige Substanz, die den Bibern sowohl zur Fellpflege als auch zur Markierung ihres Reviers dient. Das Bibergeil wird in zwei etwa hühnereigroßen Drüsensäcken, die zwischen den Geschlechtsteilen und dem After liegen, gebildet. In der Medizin wurde Bibergeil bis ins 19. Jahrhundert gegen Krämpfe, hysterische Anfälle und andere Krankheiten eingesetzt. Heute weiß man, dass die heilende Wirkung des Bibergeils auf dem Inhaltsstoff Salizylsäure, dem Wirkstoff des Aspirins, beruht. In der Parfümerie wurde und wird Bibergeil dagegen wegen seiner vermeintlich erotisierenden Note sehr geschätzt. Zu guter Letzt versprach man sich vom Bibergeil auch, dass es müde Männer wieder munter macht. Deshalb war es in einschlägigen Kreisen als Aphrodisiakum hochgeschätzt und oft wichtiger Bestandteil von sogenannten Liebestränken. Neuesten wissenschaftlichen Erkenntnissen zufolge könnten die Tränke tatsächlich Wirkung gezeigt haben, da im Bibergeil sehr wahrscheinlich ein Pheromon enthalten ist, das anregend auf das menschliche Sexualdrüsensystem wirkt.

Andere Länder – andere Sitten: In den Vereinigten Staaten ist Bibergeil sogar als Aromastoff in Lebensmitteln zugelassen und wird bevorzugt als Vanille- oder Erdbeeraroma verwendet. So ist ein Analsekret eines Nagetiers Geschmack- und Duftstoff für Eiscreme und andere Köstlichkeiten – das ist gewöhnungsbedürftig.

Mussten früher die Biber noch getötet werden, um ihnen das begehrte Bibergeil aus den Drüsen zu entnehmen, ist heute die Bibergeilgewinnung eine nachhaltige Angelegenheit. Dafür sorgen spezielle Biberfarmen, in denen die Tiere das kostbare Sekret am Rand einer im Boden vergrabenen Dose abstreifen.

Aber zurück zur Ausrottungs- und Wiederansiedlungsgeschichte des Bibers: Mitte der 1960er-Jahre begann sich das Blatt für den deutschen Biber wieder zum Guten zu wenden. Erste Wiedereinbürgerungsaktionen durch Naturschutzverbände verliefen in mehreren Bundesländern so erfolgreich, dass der Biber bei uns heute wieder auf dem Vormarsch ist. Aus den wenigen verbliebenen Elbebibern und den wenigen hundert Bibern, die im Laufe der Jahre zwischen 1966 und 2000 in Deutschland wieder eingebürgert wurden, sind dank umfangreicher Schutzmaßnahmen heute stolze 20 000 Exemplare geworden, von denen mehr als die Hälfte in Bayern zu Hause sind. Die Erfolgsgeschichte des Biber geht soweit, dass die großen Nager mittlerweile noch nicht einmal vor unseren Großstädten halt machen: Sowohl im Berliner Bezirk Spandau als auch am Rande von Frankfurt weisen angenagte Bäume daraufhin, dass der Biber sich in Zukunft möglicherweise auch zu einem Großstädter entwickeln könnte.

Die Biberkriege

In der Mitte des 17. Jahrhunderts waren Biberfelle aus Nordamerika bei europäischen Händlern derart begehrt, dass verschiedene Indianerstämmen sogar regelrechte Kriege um den Rohstoff „Biber" führten, die später als die sogenannten Biberkriege in die Geschichte eingehen sollten. Seit Beginn des Jahrhunderts existierte ein umfangreicher Tauschhandel zwischen der Nation der Irokesen und holländischen sowie britischen Händlern. Die Indianer tauschten dabei Biberfelle gegen Musketen, eiserne Werkzeuge und Decken. Aber bereits um 1650 hatten die Irokesen nahezu alle Biber auf ihrem Territorium ausgerottet. Um den immer noch hohen Bedarf ihrer europäischen Kunden an Biberpelzen zu decken, begannen sie nach und nach damit, benachbarte Stämme anzugreifen. Ihr Ziel war es, deren Biberjagdgründe unter ihre Kontrolle zu bringen. Im Verlauf dieser kriegerischen Auseinandersetzungen kam es zu einigen mit äußerster Brutalität geführten Schlachten. In der Folge gelang es den von ihren europäischen Verbündeten mit Feuerwaffen ausgestatteten Irokesen, einige andere große Indianernationen, wie die Huronen, die Eries und die Susquehannocks, fast vollständig auszurotten.

Problemfall Biber

Die Wiedereinbürgerung des Bibers hat auch einige Probleme mit sich gebracht. Konnte sich der Biber vor 150 Jahren bei uns noch weitgehend uneingeschränkt als Baumeister und Landschaftsgestalter betätigen, sieht das im heute eng besiedelten Deutschland leider ganz anders aus. Viele früher freie Flächen sind mittlerweile besiedelt oder werden landwirtschaftlich genutzt. Und da ein Biber weder Flächennutzungspläne lesen kann, noch Grundstücksgrenzen akzeptiert und obendrein auch noch, wie bereits erwähnt, seinen Lebensraum liebend gerne selbst gestaltet, legt er seine Bauten und Dämme auch schon mal in unmittelbarer Nähe von menschlichen Siedlungen oder Agrar- und Industrieanlagen an. Hinzu kommt noch, dass die Tiere mit der Zeit auch kaum noch Berührungsängste gegenüber uns Menschen aufweisen. Damit sind Konflikte vorprogrammiert.

Denn Biber können auch eine Menge Schäden anrichten: Das beginnt damit, dass die Nager ab und zu wertvolle Nutz- oder Obstbäume fällen. Unangenehm fallen Biber aber vor allem durch ihre Grabtätigkeit auf. Mit ihren Wohnbauten und Fluchtröhren können sie Dämme und Deiche derart unterminieren, dass diese brechen und es zu großflächigen Überschwemmungen kommen kann. Auch untergrabene Uferböschungen können wegbrechen. Wege oder andere Nutzflächen werden durch Biberbauten unterhöhlt, Fischteiche oder Kläranlagen geschädigt.

Durch den Bau von Dämmen können Biber gleich zweifach Schaden anrichten: Auf der einen Seite werden durch das angestaute Wasser Felder oder auch Freizeitanlagen unter Wasser gesetzt. Auf der anderen Seite werden ökologisch wertvolle Feuchtgebiete einfach trockengelegt. Außerdem bedient sich der Biber gerne an Nutzpflanzen wie Mais oder Zuckerrüben, die auf den Feldern in der näheren Umgebung seiner Bauten angebaut werden.

Biberfreunde weisen in den oft hitzig geführten Diskussionen zwischen besorgten Naturschützern und erbosten Grundstückseignern gerne darauf hin, dass 90 Prozent der Biber-Mensch-Konflikte nur in unmittelbarer Nachbarschaft der Heimatgewässer der Biber stattfinden. Für den Eigentümer eines direkt am See gelegenen Grundstücks, dessen Lieblingsbaum gerade von Bibern gefällt wurde, ist das natürlich nur ein schwacher Trost.

Aber ist der Biber wirklich der große Forstschädling, dem in Zukunft ganze Wälder zum Opfer fallen werden? Eine genaue wissenschaftliche Analyse der Fressgewohnheiten der Nager und ein paar simple Berechnungen beweisen das Gegenteil: Eine Durchschnittsbiberfamilie mit drei Jungtieren fällt im Jahr etwa 50 Bäume mit einem Stammdurchmesser von etwa 18 Zentimetern. Bei 20 000 Bibern in Deutschland sind das insgesamt 200 000 Stämme pro Jahr. Rechnet man diese Zahl aus Gründen der besseren Vergleichbarkeit in sogenannte Festmeter um, kommt man auf rund 60 000 Festmeter Holz, die jährlich Bibern zum Opfer fallen – auf den ersten Blick eine erschreckend hohe Zahl. Vergleicht man sie mit der Anzahl der Festmeter, die jährlich von der Holzwirtschaft geschlagen werden – 51 Millionen Festmeter –, erkennt man schnell, dass Biber nur ein Tausendstel von dem, was die Forstwirtschaft fällt, dem Wald entnehmen.

Die Rechtlage in Sachen Biber ist klar: Beim Biber handelt es sich um eine sogenannte „besonders geschützte Tierart", die nach § 44 Bundesnaturschutzgesetz weder gefangen noch verletzt oder getötet werden darf. Ebenso ist es verboten, Nist-, Brut-, Wohn- oder Zufluchtsstätten zu beschädigen oder zu zerstören. Eine Umsiedlung oder Tötung von Bibern ist nur in ganz wenigen Ausnahmefällen gestattet – beispielsweise wenn durch Buddeleien eines Bibers in einer Kläranlage die Gefahr besteht, dass möglicherweise gesundheits- oder umweltschädliches Abwasser austreten kann. Eine Unterminierung eines Kinderspielplatzes reicht als Grund jedoch nicht aus.

In solchen Fällen kommt der sogenannte „Biberberater" ins Spiel. Das ist ein meist ehrenamtlich tätiger, speziell geschulter Biberexperte, dessen Aufgabe es ist, die bestehenden Konflikte zwischen den Interessen der Land-, Forst- und Wasserwirtschaft auf der einen und dem streng geschützten Biber auf der anderen Seite zu entschärfen. Durch geeignete Maßnahmen soll er dafür sorgen, dass beide Parteien den gleichen Lebensraum möglichst problemfrei nutzen können. Dies geschieht in erster Linie durch fachkundige Beratung und Prävention sowie Vermittlung von Ausgleichszahlungen – nur in sehr seltenen Fällen durch Maßnahmen gegen den Biber oder seine Bauten. Die Bandbreite der Lösungen reicht dabei von Einbau von Metallgittern in vom Biber gefährdete Dämme bis hin zum Schutz wertvoller Gehölze mit Drahtgeflechten. Nur selten werden Biber aus besonders problematischen Revieren weggefangen und an konfliktfreieren Stellen wieder ausgesetzt.

Trostreich für bibergeplagte Menschen ist vielleicht die Tatsache, dass die Biberpopulation sich sozusagen selbst reguliert. Denn mit zunehmender Biberdichte wird es für die Jungtiere immer schwieriger, in der Nähe ein geeignetes Revier zu finden. Sind alle potenziellen Reviere besetzt, kann ein Jungbiber kein eigenes Revier und keine dazugehörige Familie gründen. Dadurch stabilisiert sich eine Biberpopulation im Normalfall auf dem Stand, der dem zur Verfügung stehenden Lebensraum entspricht.

Mit dem Biber zu leben, kann allerdings auch sehr teuer werden. Das zeigt das Beispiel einer Ulmer Biberpopulation. Dort lebt seit 2001 im Naherholungsgebiet Friedrichsau eine sechsköpfige Biberfamilie. Seither haben die Biber weit über 100 Bäume entweder selbst gefällt oder so stark benagt, dass sie aus Sicherheitsgründen gefällt werden mussten. Der bisheriger Schaden liegt bei rund 200 000 Euro. Mittlerweile wurden die restlichen Bäume des Parks mit sogenannten „Drahthosen" umgeben, um sie vor den gefräßigen Nagern zu schützen. Weitere geplante Maßnahmen, mit denen ein weiteres Vorrücken des Bibers in den Park verhindert werden sollen, wurden von Experten mit rund einer Million Euro veranschlagt.

Aber der Biber leistet auch Positives. Durch seine baulichen Aktivitäten und seine aktive Lebensraumgestaltung schafft der Nager mit den großen Zähnen oft völlig neue und vor allem ökologisch wertvolle Lebensräume. So entstehen durch Biberdämme in vorher trockenen Gebieten neue Feuchtbiotope, die wiederum zahlreichen Tierarten wie Fröschen, Molchen und Libellen eine neue Heimat bieten. Mit etwas Glück werden auch einige sogenannte „Rote-Liste- Arten", wie etwa der Fischotter oder der Schwarzstorch, vom neu entstandenen Biotop angelockt.

Die größten Profiteure eines Biberdamms sind jedoch die Fische. Wissenschaftliche Untersuchungen an Biberpopulationen in Nordamerika haben ergeben, dass in von Bibern gebildeten Gewässern nicht nur eine höhere Anzahl an Fischarten vorkommt als in „normalen" Gewässern, sondern, dass die Fische dieser Gewässer auch deutlich größer und schwerer sind. Verantwortlich für diese verblüffende Tatsache sind neben einem günstigeren Nahrungsangebot vor allem die deutlich besseren Laichmöglichkeiten im Bibergewässer.

Aber auch wir Menschen profitieren von der Landschaftsgestaltung des Bibers, der sich sogar aktiv am Hochwasserschutz beteiligt: Biberdämme halten häufig das Wasser eine ganze Zeit dezentral zurück, sodass es erst deutlich später die größeren Flüsse erreicht. Dadurch werden die gefürchteten exorbitanten Hochwasserspitzen in einigen Fällen deutlich reduziert.

Wohnkessel und Frischfleischspeisekammern

Man sieht ihn so gut wie nie und dennoch ist er der Schrecken aller Gärtner: Kein anderes Tier kann einen sorgfältig gepflegten englischen Rasen innerhalb weniger Tage so schnell ruinieren wie ein Maulwurf. Es sind seine auffälligen Hügel, die den kleinen

Tunnelgräber, der fast sein gesamtes Leben unter der Erdoberfläche verbringt, bei Gartenbesitzern so unbeliebt machen. Dabei sind die Hügel eigentlich nur ein Zeichen für den unermüdlichen Fleiß, den das kleine Tier mit dem samtig glänzenden Fell an den Tag legt. Denn bei den Hügeln handelt es sich um das Aushubmaterial, das beim Bau der unterirdischen Kammern und Gänge der Maulwürfe anfällt.

Der Schrecken der Gärtner

Für ihr Leben unter Tage bevorzugen Maulwürfe lockeren, fruchtbaren Boden, wie ihn Wiesen, Weiden, Gärten und Laubwälder bieten. Sandige oder morastige Böden werden dagegen gemieden. Das unterirdische Reich des Maulwurfs liegt etwa 50 Zentimeter unter der Erde und besteht aus verschiedenen Kammern und einem weit verzweigten Netz von Gängen. Zentrum dieses Gangsystems ist der sogenannte Wohnkessel. Dieser hat meist einen Durchmesser von etwa 25 Zentimetern und ist der unterirdische Lebensmittelpunkt des Maulwurfs. Hierher zieht sich der Maulwurf zum Schlafen zurück, hier pflanzt er sich fort und hier bringt er auch seinen Nachwuchs zur Welt. Damit das nicht auf dem nackten Boden stattfinden muss, wird der Wohnkessel von den Tieren mit Gras, Blättern oder feinem Wurzelwerk sorgfältig ausgepolstert. Die Polsterung, die naturgemäß von innen nach außen erfolgt, bietet aber auch noch einen angenehmen Zusatzeffekt: Die äußeren Pflanzenschichten verrotten allmählich. Durch diese Verrottungsprozesse wird Wärme produziert, die gerade im Winter im Nest für eine angenehme Temperatur sorgt. Manchmal nutzen Maulwürfe aber auch Abfälle der modernen Zivilisation für ihre Nestpolsterung – wie Papier, Pappe oder Kunststofffetzen.

Aber Maulwürfe verfügen auch über ein ausgeprägtes Sicherheitsdenken: So legt ein Maulwurf seine Wohnkammer, wenn es möglich ist, direkt unter schützenden Steinhaufen oder Sträuchern an. Das erschwert Fressfeinden wie Dachsen, Füchsen oder Wildschweinen den Zugriff. Außerdem achtet der Maulwurf bei der Anlage seiner Wohnkammer darauf, dass diese an einem Knotenpunkt seines verzweigten Gangsystems liegt. Das erhöht bei Gefahr die Chancen auf eine erfolgreiche Flucht. Der Wohnkessel befindet sich fast immer in einer größeren Tiefe als das Gangsystem.

In der Regel legen Maulwürfe nur einen einzigen Wohnkessel an. Ausweichnester, die mit dem Wohnkessel über Gänge verbunden sind, sind relativ selten. Allerdings baut das Weibchen in der Fortpflanzungszeit oft ein Ausweichquartier, in das es bei einer drohenden Gefahr seine Jungen umsiedeln und damit in Sicherheit bringen kann.

Jagdgänge

Vom Wohnkessel führen meist mehrere Verbindungsgänge zu einem weit verzweigten Netz von sogenannten Jagdgängen. Denn Maulwürfe sind reine Fleischfresser. Im Sommer werden vor allem im Boden lebende Insektenlarven verzehrt. Im Winter stehen dagegen eher Regenwürmer auf dem Speisezettel der kleinen Erdbewohner. Während die Verbindungsgänge feste, glatte Wände haben, damit der Maulwurf sich dort schneller fortbewegen kann, bleiben die Wände der Jagdgänge ungeglättet. Denn bei den Jagdgängen handelt es sich im Prinzip um ein weit verbreitetes Netz von „Wurmfallen". Sobald ein Regenwurm oder eine Insektenlarve von oben in einen solchen Jagdgang fällt, erzeugt dies ein mehr oder weniger lautes Geräusch, das jedoch vom Maulwurf – dank seines exzellenten Gehörsinns – wahrgenommen wird. Der muss dann nur noch zum Ort des Geschehens eilen – und schon kann er seine Beute bereits an Ort und Stelle verzehren. Wissenschaftler vergleichen diese Jagdstrategie gerne mit der Jagdtaktik einer Spinne, die auch oft im Verborgenen lauert, bis ihr eine Berührung ihres Fangnetzes ein Beutetier meldet.

Aber der Maulwurf ist nicht nur ein passiver, sondern durchaus ein aktiver Jäger. Die Tiere patrouillieren in regelmäßigen Abständen durch ihre Gänge – immer auf der Suche nach Beutetieren. Beim Verzehr seiner Beute legt der Maulwurf offenbar großen Wert auf unverfälschte Kost. Oder wie wäre es sonst zu interpretieren, dass der kleine Tunnelgräber vor dem Verspeisen eines Regenwurms diesem zunächst einmal sorgsam mit der Pfote den Darminhalt ausquetscht?

Das unterirdische Reich des Maulwurfs besteht aus einem komplexen System aus Kammern und Tunneln.

Das gesamte Gangsystem eines Maulwurfsbaus kann sich über bis zu 200 Meter hinweg erstrecken. Die Norm sind allerdings Gangsysteme von etwa 50 Metern. Im Winter legt der Maulwurf seine Gänge oft in größerer Tiefe an, um in frostfreie und damit nahrungsreiche Regionen vorzustoßen. Generell bauen ältere Maulwürfe ihre Gangsysteme deutlich tiefer als junge Tiere. Auch Tunnelgraben ist offensichtlich Erfahrungssache.

In der Nähe des Wohnkessels befinden sich meist eine oder mehrere Vorratskammern – die berühmt-berüchtigten Frischfleischspeisekammern der Maulwürfe. Deren Existenz hat mit der Tatsache zu tun, dass Maulwürfe eine unglaublich hohe Stoffwechselrate haben und deshalb täglich gewaltige Mengen Nahrung zu sich nehmen müssen. Eine Maulwurftagesration an Insekten, Regenwürmern und anderen Kleintieren entspricht mit etwa 100 Gramm in etwa dem eigenen Körpergewicht. In einem Jahr verputzt der kleine Kerl entsprechend bis zu 37 Kilogramm an Beutetieren. Mehr als zwölf Stunden ohne Nahrung überleben Maulwürfe nicht. Kritisch wird die Situation daher im Winter: Da Maulwürfe keinen Winterschlaf halten, legen sie zur Überbrückung der kalten Jahreszeit in speziellen Kammern in ihrem Tunnelsystem einen Vorrat aus Regenwürmern an. Damit die Regenwürmer zwar überleben, aber nicht mehr wegkriechen können, beißen sie ihnen die vorderen Körpersegmente ab. Bei manchen Maulwürfen wurden schon mehrere hundert dieser so malträtierten Würmer in den Frischfleischspeisekammern entdeckt. Oft begnügt sich ein Maulwurf aber nicht mit einer einzigen Speisekammer: Acht Vorratskammern und mehr wurden schon von Maulwurfforschern in einem einzigen Bau entdeckt. Da kommen insgesamt zwei Kilogramm Regenwürmer zusammen. Ein paar glückliche Exemplare der gefangen gehaltenen Regenwürmer schaffen es allerdings manchmal trotz Verstümmelung, dem Maulwurfsmagen zu entgehen. Denn die Würmer sind während der kalten Jahreszeit in der Lage, ihre fehlenden Körperteile zu regenerieren, und können daher im Frühjahr, wenn die

Temperaturen steigen, still und leise aus den Frischfleischspeisekammern fliehen.

Maulwurfshügel dienen übrigens nicht nur als Schutthalden,
sondern haben auch eine durchaus überlebenswichtige Funktion: Sie sorgen für die notwendige Belüftung der unterirdischen
Tunnel, in denen naturgemäß nur ein geringer Sauerstoffgehalt
herrscht. Erschwerend kommt hinzu, dass der Maulwurf – dank
seinem gewaltigen Appetit und dem damit verbundenen intensiven Stoffwechsel – auch noch große Mengen an schädlichem
Kohlendioxid produziert. Deshalb legt der Maulwurf oft noch
einige separate Belüftungsschächte an. Übrigens ist es geradezu
kontraproduktiv, wenn man versucht, mit dem Spaten die Maulwurfshügel flachzuklopfen. Der Maulwurf wirft in diesem Fall
einen neuen Hügel auf. Schließlich ist für ihn ja, wie gesagt, eine
gute Belüftung von essenzieller Bedeutung.

Die ausgiebige Bautätigkeit des Maulwurfs geht jedoch nicht
so weit, dass er, wie früher oft behauptet wurde, in seinem unteririschen Reich zu seiner Wasserversorgung kleine Trinkbrunnen
anlegt. Das ist auch nicht notwendig, da er seinen Wasserbedarf
bequem aus der Nahrung decken kann.

Übrigens: Der Name Maulwurf hat mit dem Begriff Maul nichts
zu tun, sondern leitet sich vom altdeutschen Molte, was Erde bedeutet, ab. Der Name Maulwurf ist in etwa mit dem Begriff Erd-
werfer zu übersetzen.

Maulwürfe sind sehr territoriale Tiere, die ihr Revier, das im
Schnitt etwa 2000 Quadratmeter groß ist, keinesfalls mit anderen
Maulwürfen teilen wollen. Deshalb markieren gerade Maulwurfsmännchen sowohl ihre Wohnkammer als auch ihr Gangsystem
regelmäßig mit Drüsensekreten, die einem vorbeikommenden
Artgenossen sofort klarmachen sollen, dass er hier nichts zu suchen hat, sondern als unerwünschter Konkurrent betrachtet wird
und als solcher mit ernsten Konsequenzen zu rechnen hat. Lässt
sich der Eindringling von der Duftwarnung nicht abschrecken,
kommt es meist zu erbitterten Kämpfen, die durchaus auch mit

dem Tod eines der Kombattanten enden können. In Lebensräumen mit einer hohen Maulwurfsdichte können sich die Reviere überlappen, wodurch die Gangsysteme der Tiere auch einmal ineinander übergehen können. Allerdings werden diese „Gemeinschaftsgänge" niemals gleichzeitig genutzt.

An die Erdoberfläche kommen Maulwürfe eigentlich nur aus drei Gründen:

1. Sie brauchen frisches Material zum Auspolstern des Nests.
2. Junge Maulwürfe, die über kein eigenes Revier verfügen, sind in engbesiedelten Gegenden manchmal gezwungen, ein Leben an der Erdoberfläche zu führen – zumindest bis sie sich ein eigenes Revier erobern können.
3. In trockenen Sommern, wenn sich die Regenwürmer tief in den Boden zurückziehen, oder auch manchmal im Winter, wenn der Boden richtig durchgefroren ist, müssen sich Maulwürfe auch überirdisch auf die Jagd begeben.

Blind wie ein Maulwurf?

Der Maulwurf ist perfekt an seinen Lebensraum unter Tage angepasst. Das erkennt man beispielsweise bereits auf den ersten Blick an den Vorderpfoten, die zu regelrechten Schaufeln umgebildet worden sind. Für die notwendige Breite dieser Grabschaufeln sorgt neben fünf kräftigen Fingern, die mit langen scharfen Krallen ausgestattet sind, noch ein besonderer Knochen neben dem Daumen, das sogenannte „Sichelbein", das beim Graben die Funktion eines zusätzlichen Fingers übernimmt. Die Innenflächen der Pfoten sind beim Maulwurf praktischerweise nach außen gedreht. Auch das erleichtert die Grabtätigkeit. Eine extrem kräftige Schulter- und Armmuskulatur sorgen dafür, dass ein Maulwurf Erdmassen bis zum 20-fachen seines eigenen Körpergewichts bewegen kann – eine stramme Leistung für so einen kleinen Kerl.

Um sein unterirdisches Reich anzulegen, dreht sich der Maulwurf mit seinem walzenförmigen Körper ähnlich wie ein Bohrer in den lockeren Boden hinein. Dazu reißt er mit seinen Grabschaufeln die Erde auf und drückt sie am Körper vorbei nach hinten. Das Aushubmaterial wird dann letztendlich an die Erdoberfläche geschoben, wo es die berüchtigten Maulwurfshügel bildet. Die Hügel befinden sich jedoch in der Regel nicht direkt über dem Gangausgang, sondern etwa 15 Zentimeter seitlich versetzt, da der Maulwurf die Erde nicht senkrecht, sondern schräg nach oben drückt. Oft wird allerdings auch das Aushubmaterial an den Wänden der Gänge festgedrückt. Das spart zum einen Arbeit und stabilisiert zum anderen das Tunnelsystem.

Maulwürfe kommen relativ selten an die Erdoberfläche.

Sein Gangsystem legt der Maulwurf mit geradezu atemberaubender Geschwindigkeit an. Ist die Erde nicht zu fest, kann ein Maulwurf über 40 Meter Tunnel an einem einzigen Tag graben. Wollte ein Mensch eine ähnliche Leistung vollbringen, müsste er an einem Tag mit bloßen Händen einen Tunnel von über 400 Metern Länge mit einer Höhe von 50 Zentimetern graben. In den fertigen Gängen bringt es der Maulwurf auf eine Laufgeschwindigkeit von etwa 4 Kilometern pro Stunde. Das ist etwa das Tempo eines flotten Fußgängers.

Im Wasser kann der Maulwurf seine breiten Grabschaufeln auch gut als Flossen einsetzen und deshalb sogar kleinere Bäche innerhalb weniger Minuten schwimmend durchqueren.

Während das Fell der meisten anderen Säugetiere einen sogenannten „Strich" aufweist, wachsen die Haare eines Maulwurfs in keine bestimmte Richtung. Ein derart geschmeidiger Pelz kommt dem Maulwurf in den engen Tunneln sehr zugute: Da sich die Haare seines Pelzes in jede beliebige Richtung umlegen lassen, kann der Maulwurf auch in den engsten Gängen ohne Probleme sowohl vorwärts als auch rückwärts laufen. Auch seine ausgesprochen flexible Wirbelsäule ist dem kleinen Buddler in den schmalen Gängen von großem Nutzen. Wenn ein Maulwurf unter Tage seine Richtung ändern will, kann er das dank seines biegsamen Rückgrats mit einem Purzelbaum tun.

Wenn über die Leistungen von Bundesligaschiedsrichtern diskutiert wird, heißt es oft: „Der ist blind wie ein Maulwurf." Aber im Gegensatz zur landläufigen Meinung sind Maulwürfe nicht blind. Man hat lediglich früher die kleinen Augen, die etwas versteckt im Fell liegen, schlicht übersehen. Zugegeben, die Augen eines Maulwurfs sind nicht sonderlich gut – kaum gut genug, um zwischen hell oder dunkel zu unterscheiden. Aber unter der Erde, in ständiger Dunkelheit braucht der Maulwurf auch keine guten Augen. Viel wichtiger für den kleinen Tunnelbauer ist es, dass andere in diesem Milieu wichtige Sinne überproportional entwickelt sind. So verfügt der Maulwurf zum Beispiel über ein derart ausgezeichnetes Gehör, dass er eine Insektenlarve, die sich in 200 Metern Entfernung irgendwo in seinem Tunnelsystem befindet, schnell und präzise orten kann – und das, obwohl er keine Ohrmuscheln besitzt und seine Gehörgänge durch kleine Hautlappen verdeckt sind. Zusätzlich zu seiner ausgezeichneten Hörfähigkeit besitzt der Maulwurf auch einen hervorragend ausgebildeten Tastsinn. Dafür sorgen lange Tasthaare an der Schnauze, die selbst kleinste Bewegungen, Erschütterungen oder sogar Luftdruckveränderungen wahrnehmen können. Ebenfalls auf der Schnauze befindet sich das sogenannte „Eimersche Organ", ein aus einer Reihe winziger Schwellungen bestehendes Sensorsystem, mit dem der Maulwurf auch relativ schwache elektrische Felder wahrnehmen kann, wie sie zum Beispiel bei den Muskelbewegungen seiner Beutetiere entstehen. Und als wäre das nicht genug, verfügt der Maulwurf noch über einen gut ausgeprägten Geruchssinn: Also im Prinzip alles genau die Sinne, die man als Maulwurf unter Tage so braucht.

Zudem findet man beim Maulwurf noch ein Sinnesorgan der besonderen Art: seinen mit zahlreichen hochempfindlichen Tasthaaren bestückten Schwanz. Dieser wird von Wissenschaftlern gerne als „drittes Auge" oder auch etwas spöttisch, aber durchaus zutreffend als „Maulwurfsblindenstock" bezeichnet. Die Länge des relativ kurzen Maulwurfschwanzes entspricht genau dem Radius der von ihm gebuddelten Tunnelröhren. Deshalb kann der Schwanz ausgezeichnet zum Abtasten der Tunnelwände eingesetzt werden. Aber auch beim „Rückwärtsgehen" ist der Tastschwanz eine große Hilfe. Denn der „Bioblindenstock" liefert durch fortwährenden Bodenkontakt ständig Informationen über etwaige Hindernisse oder zu erwartende Beute.

Aber nicht nur rein äußerlich, sondern auch biochemisch sind Maulwürfe sehr gut für ein Leben unter Tage gerüstet. In den Wohnkammern und Tunneln herrscht, trotz der bereits erwähnten Belüftungsanlagen, ein nicht gerade üppiger Sauerstoffgehalt, der von den üblichen 21 Prozent an der Erdoberfläche auf bis zu

Maulwurfspelz

In den 1920er-Jahren kamen – wenn auch nur für einen kurzen Zeitraum – aus Maulwurfsfellen hergestellte Jacken und Mäntel groß in Mode. Auch die damals so überaus beliebten Zylinderhüte wurden gerne mit den samtigen Fellen der kleinen Erdbewohner bezogen. Da Pelzhändler auf einmal für ein einziges Maulwurfsfell bis zu 25 Mark zahlten und vor allem Landwirte einen hübschen Nebenverdienst witterten, gingen viele Bauern auf ihren Äckern und Wiesen gezielt auf Maulwurfsjagd. Und es war auch kein Wunder, dass bei Anzeigen in Tageszeitungen wie „Kaufe jeden Posten Maulwurf-Felle zu besten Marktpreisen gegen sofortige Kasse und coulanteste Abnahme" auch viele Privatpersonen zu Fallen und Fangeisen griffen und sich auf die Suche nach frischen Maulwurfshaufen begaben. So berichtet zum Beispiel der „Krumbacher Bote" im März 1920: „Den Landwirten sind zu Lichtmeß die Knechte davon gelaufen, weil der Maulwurffang ein angenehmeres und einträglicheres Dasein versprach." Die Maulwurfsjagd nahm derartige Dimensionen an, dass sich der bayerische Landtag gezwungen sah, in Windeseile ein „Maulwurfsgesetz" zu verabschieden, dass den Maulwurfsfang (außer im eigenen Garten) unter Strafe stellte. Zuwiderhandlungen wurden mit Gefängnis bis zu einem Jahr oder einer Geldstrafe von bis zu 3000 Mark bedroht. Schließlich war bereits damals bekannt, dass es sich bei Maulwürfen um durchaus nützliche Tiere handelt.

Aber so unvermittelt wie Kleidungsstücke aus Maulwurfspelz in Mitteleuropa en vogue geworden waren, so plötzlich kamen sie nur wenige Jahre später wieder aus der Mode. Verantwortlich für den raschen Niedergang der Maulwurfspelzindustrie war vor allem die Erkenntnis, dass Maulwurfsfelle nicht sehr reibebeständig sind und Maulwurfspelzkleidungsstücke daher an stärker beanspruchten Stellen schnell unschöne Abnutzungserscheinungen aufwiesen. Außerdem waren viele europäische Maulwurfspopulationen durch den millionenfachen Fang derart zurückgegangen, dass sich eine kommerzielle Nutzung der Felle nicht mehr lohnte.

6 Prozent sinken kann. Dafür ist der Gehalt an gefährlichem Kohlendioxid unter Tage um bis zu 50-mal höher. Insgesamt sind dies ziemlich ungünstige Bedingungen für ein hart arbeitendes Tier mit einem intensiven Stoffwechsel. Der Maulwurf kontert mit einer simplen, aber raffinierten biochemischen Anpassung: Er erhöht einfach seinen Hämoglobingehalt im Blut. Dadurch, dass der Maulwurf über einen – im Vergleich zu einem etwa gleichgroßen, jedoch nichtgrabenden Säugetier – doppelt so hohen Gehalt dieses sauerstofftragenden Moleküls im Blut verfügen kann, steht ihm auch unter diesen ungünstigen Bedingungen stets genügend Sauerstoff für seine anstrengende Tätigkeit zur Verfügung.

Der Maulwurf hat übrigens im Gegensatz zu den meisten anderen Säugetieren keinen Tag-Nacht-Rhythmus, sondern führt unter Tage ein Leben als eine Art „Schichtarbeiter". Vierstündige Aktivitätsphasen (buddeln, jagen, fressen) werden von vierstündigen Ruhephasen abgelöst. Die Wachphasen sind meist vormittags, nachmittags und gegen Mitternacht. Interessanterweise sind Ruhe- und Aktivitätsphasen benachbarter Maulwürfe häufig synchronisiert.

Biokeuschheitsgürtel

Auch in Sachen Fortpflanzung haben Maulwürfe einige Besonderheiten: Die notorischen Einzelgänger kommen lediglich zwischen März und April, wenn die Weibchen brünstig sind, zur Paarung zusammen. Das ist die Zeit, in der man als Maulwurfsmann seinen Bau verlassen muss, um in benachbarten Bauten Ausschau nach einem Weibchen zu halten. Auf der Suche dringen die Maulwurfsfreier aber oft auch in die Baue anderer Männchen ein. Stoßen dort zwei Männchen aufeinander, kommt es meist zu erbittert geführten und ziemlich blutigen Kämpfen um das Paarungsvorrecht. Enden die Kämpfe mit dem Tod des Unterlegenen, wird dieser manchmal sogar vom Sieger verspeist. Offensichtlich sind Maulwürfe nicht besonders prüde: Die Paarung selbst kann sowohl im Freien als auch im Schutz des Baus stattfinden. Von Romantik halten Maulwürfe allerdings wenig – Herr und Frau Maulwurf bleiben nur wenige Stunden zusammen. Dann geht man wieder getrennte Wege. Erschwerend kommt hinzu, dass die Maulwurfsweibchen nur für 30 Stunden paarungsbereit sind. Wählt da ein Möchtegernliebhaber den falschen Zeitpunkt, wird er von einer äußerst unzugänglichen Maulwurfsdame unter großem Gefauche sofort zum Teufel gejagt.

Nach erfolgreicher Paarung wird es noch eigentümlicher: Dann verpassen die Maulwurfsherren der Dame ihres Herzens eine Art Biokeuschheitsgürtel, dessen Effizienz sich durchaus mit seinem mittelalterlichen Vorbild messen kann. Die Männchen verkorken ihre Weibchen an geeigneter Stelle, indem sie nach vollzogenem Akt einen harzähnlichen Pfropfen in der Scheide des Weibchens hinterlassen, der schnell erhärtet. Die Maulwurfsmännchen greifen übrigens nicht etwa aus persönlicher Eifersucht zum Keuschheitsgürtel, sondern es geht darum, die eigenen Gene „durchzusetzen". Im Tierreich herrscht ein sogenannter „Spermienkrieg" und wer diesen Krieg verliert, muss vielleicht Kinder aufziehen, die nicht die eigenen sind. Denn bei vielen Tierarten sind die Männchen nicht in der Lage, nach der Kopulation ständig in der Nähe des Weibchens zu bleiben, andere paarungsbereite Freier abzuwehren oder ausreichend lange auf dem Weibchen in Kopulationsstellung zu verharren, wie das einige Insekten tun. Deshalb verfolgt der Maulwurf – wie auch Wanderratten, Hausmäuse und einige Insekten- und Spinnenarten – die Strategie, der Mutter seiner zukünftigen Kinder einen Keuschheitsgürtel zu verpassen.

Schädling oder Nützling

Lange Zeit stand der Maulwurf im Verdacht, ein großer Schädling zu sein, der es schafft, in kürzester Zeit jeden Garten bzw. jedes Feld zu ruinieren. Neben seinen unschönen Hügeln wurde dem kleinen Tunnelgräber vor allem zur Last gelegt, dass er angeblich nicht nur die Wurzeln von Nutzpflanzen benage, sondern auch den Bestand an nützlichen Regenwürmern, die für die so wichtige Auflockerung und Durchlüftung des Bodens sorgen, derart dezimiere, dass es bei Rasen oder Wiese zu massiven Schädigungen komme. So stellten noch bis Anfang des 20. Jahrhunderts viele Gemeinden, aber auch Bauern oder Gastwirte professionelle Maulwurfsfänger an, um den vermeintlichen Schädlingen Herr zu werden.

So findet sich zum Beispiel in den Gemeinderatsprotokollen der württembergischen Gemeinde Verrenberg am 23. März 1833 folgender Eintrag: „Wie bisher sollen auch in diesem Jahr die so zahlreichen vorhandenen Maulwürfe gefangen werden, da aber der seitherige Maulwurffänger nicht mehr hierher kommt so wurde mit Georg Hammel von Baierbach ein Übereinkommen troffen und erhält für 1 gefangenes Stück 15 Pfenige und soll die Abzählung auf dem Blatz statfinden. Für die nöthigen Steken hat der Fänger selbst zu sorgen."

Folgt man „Grzimeks Tierleben", soll noch 1909 ein in einer Schweizer Gemeinde angestellter Maulwurfsfänger innerhalb von 18 Tagen 4000 Maulwürfe gefangen und getötet haben und dafür von den Stadtvätern die für damalige Verhältnisse unglaubliche Summe von 800 Franken kassiert haben.

Neuere Erkenntnisse zeigen allerdings, dass der Maulwurf bei Weitem nicht der Schädling ist, für den er lange gehalten wurde. Die tatsächlichen Schäden, die ein Maulwurf im Garten anrichtet, sind durchaus überschaubar. So ist selbst der hungrigste Maulwurf nicht in der Lage, den Regenwurmbestand in einem gesunden Boden zu eliminieren. Da Maulwürfe reine Fleischfresser sind, sind auch angeknabberte Wurzeln nicht zu erwarten. Allerdings beschädigen Maulwürfe ab und zu durch ihre Grabtätigkeit nahe der Erdoberfläche die Wurzeln von Pflanzen so stark, dass diese absterben. Dieser Schaden tritt aber nicht allzu häufig auf.

Der vermeintliche Schädling Maulwurf ist im Gegenteil ein echter Nützling, dessen Verdienste den Schaden weit übertreffen. So sorgen Maulwürfe nicht nur durch ihre unermüdliche Grabtätigkeit dafür, dass der Boden durchlockert und gelüftet wird, sondern entpuppen sich auch als erfolgreiche tierische Schädlingsbekämpfer. Bei Gärtnern und Landwirten unbeliebte Schädlinge – beispielsweise Schnecken, Engerlinge, Kohlschnaken- und Schnellkäferlarven – stehen hierbei ganz oben auf dem Speiseplan der Maulwürfe.

Das Verdienst des Maulwurfs, ein unermüdlicher Schädlingsbekämpfer zu sein, hat bereits 1881 der große deutsche Dichter Johann Peter Hebel erkannt, der den Lesern des „Rheinländischen Hausfreundes" eine Schonung des vermeintlichen Gartenverwüsters ans Herz legte: „Wenn ihr also den Maulwurf recht fleißig verfolgt, und mit Stumpf und Stiel vertilgen wollt, so thut ihr euch selbst den grösten Schaden und den Engerlingen den grösten Gefallen. Da können sie alsdann ohne Gefahr eure Wiesen und Felder verwüsten, wachsen und gedeihen, und im Frühjahr kommt alsdann der Maykäfer, frißt euch die Bäume kahl wie Besenreis, und bringt euch zur Vergeltung auch des Gukuks Dank und Lohn."

Letztendlich bleiben von allen Vorwürfen nur die unschönen Maulwurfshügel, die den Maulwurf zum Ärgernis für einen Gartenbesitzer werden lassen. Allerdings ist bei allem Ärger über einen vom Maulwurf ruinierten Rasen zu berücksichtigen, dass der Maulwurf in Deutschland als rechtlich besonders geschützte Tierart gilt. Nach dem Bundesnaturschutzgesetz ist es verboten, diese streng geschützten Arten zu fangen, zu verletzen, zu töten oder ihre Entwicklungsformen, Nist-, Brut-, Wohn- oder Zufluchtsstätten der Natur zu entnehmen, zu beschädigen oder zu zerstören. Ein Verstoß gegen diese Schutzbestimmungen kann mit einem Bußgeld von bis zu 50 000 Euro geahndet werden. Was dem maulwurfsgeplagten Gartenbesitzer bleibt, ist den kleinen Haufenproduzenten zu vergrämen und somit aus dem Garten

Ein Gentleman im schwarzen Samt

Ein Maulwurf kann auch für Könige zum Verhängnis werden. So geschehen im Jahre 1702, als das Pferd Williams III., seines Zeichens König von England, Schottland und Nordirland, beim morgendlichen Ausritt des Monarchen über einen Maulwurfshügel stolperte und daraufhin den König abwarf. Der König, der sich sowieso nicht gerade bester Gesundheit erfreute, brach sich beim Sturz das Schlüsselbein, wurde daraufhin bettlägerig und verstarb wenig später an einer fiebrigen Erkältung. Dieses eigentlich betrübliche Ereignis rief allerdings bei den sogenannten Jakobiten, den Anhängern des von William vertriebenen Exkönigs Jakob große Freude hervor. Deshalb verliehen sie dem kleinen Tunnelgräber, der ihrer Meinung nach für den Tod des ihnen verhassten Monarchen verantwortlich war, den Ehrentitel „Kleiner Gentleman im schwarzen Samt". Das tödliche Ereignis wurde übrigens sogar von einem Bildhauer festgehalten: Auf dem Londoner St. James´s Square sind Ross, Reiter und Maulwurfshügel in Form einer bronzenen Statue zu sehen.

zu vertreiben, indem er ihn penetrant nervt. Viele Hobbygärtner wollen sich dabei die Tatsache zunutze machen, dass die Maulwürfe eine empfindliche Nase besitzen und haben deshalb Spezialrezepte zur „Geruchsvergrämung" entwickelt. Dazu gehören geruchsintensive Stoffe wie Holunderbeerjauche, verdorbene Molke oder Heringsbrühe. Andere geplagte Hobbygärtner schwören auf Seifenlauge oder mit Terpentin getränkte Lappen. Die meisten dieser Methoden wirken allerdings schon nach dem ersten Regen nicht mehr oder belästigen, wenn der penetrante Gestank erst einmal aus den Gängen entweicht, den Gartenbesitzer mehr als den Maulwurf. Beliebt sind auch Mottenkugeln, Hundekot oder Menschenhaare. Andere Gartenfreunde setzen auf Lärm, da das sensible Gehör des Maulwurfs laute bzw. unangenehme Geräusche als so störend empfindet, dass der Maulwurf oft dauerhaft die Flucht antritt. Der Klassiker sind leere Weinflaschen, denen zuvor der Flaschenboden entfernt wurde und die dann in der unmittelbaren Nähe der Maulwurfshügel mit der offenen Seite schräg nach oben ins Erdreich gesteckt werden. Sobald Wind aufkommt, wird in der Flaschenhülle durch den Luftzug ein Geräusch erzeugt, dass in Maulwurfsohren offensichtlich alles andere als angenehm klingt. Technikfreaks wählen häufig den sogenannten Maulwurfschreck, ein batterie- bzw. solarbetriebenes Gerät, das in regelmäßigen Abständen nicht nur unangenehme Geräusche, sondern auch kräftige Vibrationen erzeugt.

Unterirdische Millionenstädte

Obwohl sie ihren Namen ihrem hundeähnlichen Gebell verdanken, haben amerikanische Präriehunde nichts mit dem besten Freund des Menschen zu tun. Im Gegenteil: Die kleinen Pelztiere sind mehr oder weniger eng verwandt mit einem Tier, das wir alle aus den Alpen kennen: dem europäischen Murmeltier. Dem sind seine nordamerikanischen Verwandten auch in Aussehen und Lebensweise ziemlich ähnlich. Erstmals in das Bewusstsein einer breiteren Öffentlichkeit gelangten die Bewohner der weiten amerikanischen Prärien durch die berühmte „Lewis-und-Clarke-Expedition", die im Auftrag des amerikanischen Präsidenten Thomas Jefferson von 1804 bis 1806 das Gebiet zwischen Atlantik und Pazifik erkundete. Im September 1804, so berichten die Expeditionstagebücher, erreichten Lewis und Clark „ein Dorf der

Tiere, welche von den Franzosen Präriehunde genannt werden". Einer der dort entdeckten Präriehunde fand sogar den weiten Weg ins Weiße Haus in Washington: Meriwether Lewis ließ einen Präriehundebau gezielt unter Wasser setzen und konnte so eines lebenden Präriehunds habhaft werden, den er später dem US-Präsidenten als Geschenk überreichte.

Die Hundemaus – ein bellendes Nagetier

Der wissenschaftliche Gattungsname der Präriehunde *Cynomys* lässt sich am besten mit dem Begriff „Hundemaus" übersetzen. Dieser Begriff soll zwar in erster Linie auf das hundeartige Bellen, aber auch auf die mäuseartige Lebensweise der nordamerikanischen Nagetiere anspielen. Allerdings gibt es nicht „den" Präriehund. Die Gattung umfasst heute gleich fünf Arten, den Schwarzschwanz-Präriehund, den Mexikanischen Präriehund, den Weißschwanz-Präriehund, den Gunnisons-Präriehund und den Utah-Präriehund, wobei der Schwarzschwanz-Präriehund am häufigsten vorkommt und auch am weitesten verbreitet ist.

Präriehunde sind vorwiegend Pflanzenfresser, die sich hauptsächlich von Gräsern und kleineren Samen ernähren. Ab und zu ergänzen sie ihre vegetarische Kost in Sachen Eiweißgehalt durch den Verzehr einiger Insekten.

Die Lebensräume der rund 30 Zentimeter großen Nagetiere sind unterirdische, weit verzweigte Höhlensysteme, die sich über eine Gesamtlänge von bis zu 300 Metern erstrecken können. Der Aufbau der unterirdischen Wohnanlagen folgt dabei immer dem gleichen Schema: Von senkrecht bzw. manchmal auch leicht schräg angelegten Einstiegsröhren, die bis zu fünf Meter tief ins Erdreich reichen, zweigen horizontal zahlreiche Gänge ab, die wiederum zu diversen kleinen Kammern führen. Diese werden von den Präriehunden für unterschiedliche Zwecke genutzt: Neben Wohn- und Schlafquartieren legen Präriehunde in ihrem unterirdischen Reich auch Vorratskammern, Kinderstuben und sogar Toiletten an. Alles in allem verfügen Präriehunde damit über eine Wohnanlage der Luxusklasse.

Da immer die Gefahr droht, dass ein Fressfeind, zum Beispiel eine Klapperschlange, in einen Präriehundebau eindringt, darf ein Fluchtgang nicht fehlen. Die unterirdischen Gänge sind durch zahlreiche Seitengänge miteinander verbunden, sodass den Präriehunden ein komfortables Röhrennetz zur Verfügung steht.

Die tiefe Lage ihrer unterirdischen Behausungen bietet den Präriehunden gleich zwei Vorteile: Zum einen sind sie im Winter vor strengem Frost geschützt, zum anderen herrschen im Hochsommer bei heftiger Hitze in größerer Tiefe deutlich angenehmere Temperaturen. Auch die Fortpflanzung findet diskreter Weise nicht in aller Öffentlichkeit, sondern im heimischen Bau statt. Das minimiert das Risiko, während des Akts von einem konkurrierenden Männchen gestört bzw. von einem Fressfeind überrascht zu werden.

Unmittelbar unterhalb des Eingangs haben die Präriehunde noch ein kleines Zwischenstockwerk eingezogen, in das sie sich bei einer drohenden Gefahr zunächst vorläufig in Sicherheit bringen können. Nur bei einem direkten Angriff eines körperlich überlegenen Gegners machen sich die kleinen Nager die Mühe, in die tieferen Regionen ihres Baus abzutauchen.

Da es auch in der trockensten Prärie kräftig regnen kann, errichten die kleinen Nager um die Einschlupflöcher etwa 20 bis 30 Zentimeter hohe Regenschutzwälle. Dadurch wird verhindert, dass bei einer Überschwemmung ihre unterirdischen Bauten unter Wasser gesetzt werden. Außerdem sorgen die Erdwälle rund um die Eingangslöcher der Bauten für gute Luft in den Präriehundebauten. Ähnlich wie Termiten verfügen auch Präriehunde

Präriehunde verfügen über
Wohnanlagen der Luxusklasse.

über ein ausgeklügeltes Belüftungssystem ihrer Bauten. Sie nutzen dabei, ebenso wie die kleinen Insekten, den sogenannten Bernoulli-Effekt: Die Erdhöhlen der pelzigen Nager besitzen immer zwei Eingänge. Ein Eingang liegt deutlich erhöht auf einem Hügel, den die Präriehunde bei ihrer Grabtätigkeit aufgeschüttet haben. Der andere Eingang ist deutlich tiefer positioniert. Hier haben die Präriehunde auf ein Aufschütten verzichtet, sondern im Gegenteil die Erde regelrecht plattgetreten. Weht jetzt der Wind über den erhöhten Eingang, strömt die Luft dort etwas schneller als in Bodennähe. Dadurch entsteht ein Unterdruck, der dafür sorgt, dass die verbrauchte Luft einerseits regelrecht aus dem Bau herausgesaugt wird und andererseits frische Luft durch den tiefer gelegenen Eingang nachströmt. Präriehunde scheinen sich also sogar in der höheren Physik auszukennen: Wer hätte das gedacht.

Zu guter Letzt haben die kleinen Eingangshügel noch eine weitere wichtige Funktion: Sie dienen den Präriehunden als Ausguck, um die nähere Umgebung besser überblicken zu können. So können spezielle „Wachtposten" ihre Artgenossen rechtzeitig vor einer drohenden Gefahr warnen.

Ein ausgeklügeltes Warnsystem

Die Präriehundewachposten können die Familienmitglieder, über die sie wachen, mittels unterschiedlicher Warnlaute genau darüber informieren, welche Bedrohung auf sie zukommt: Ein Dachs, ein Kojote, ein Haushund, eine Klapperschlange, ein Greifvogel oder ein Mensch. Entsprechend fällt dann die Reaktion der gewarnten Familienmitglieder aus: Nähert sich zum Beispiel ein Mensch der Kolonie, heißt es: „Rette sich, wer kann!" Dann taucht jedes Koloniemitglied so schnell wie möglich im Hechtsprung in den schützenden Bau ab. Weißt der Alarmruf dagegen auf einen Greifvogel hin, der sich im Anflug auf die Kolonie befindet, bringen sich nur die Gruppenmitglieder, die sich auch im Anflugkorridor des Raubvogels befinden, sofort in Sicherheit. Beim Auftauchen von Kojoten oder Haushunden dagegen lassen es die Präriehunde etwas ruhiger angehen. Hier heißt die Devise, sich zunächst aufzurichten und das weitere Geschehen zu beobachten.

Aber offensichtlich können die kleinen Nager noch deutlich mehr: Der amerikanische Zoologe Con Slobochikoff konnte in verschiedenen Experimenten nachweisen, dass Präriehunde dank ihres ausgeklügelten und komplexen Kommunikationssystems ihren Angehörigen auch im Detail beschreiben können, wer oder was sie da möglicherweise bedroht: Ein kleiner oder ein großer Kojote, ein dicker oder ein dünner Mensch. Nach Slobochikoff kann ein Wächter mit einem einzigen Ruf, der nur eine zehntel Sekunde dauert, seinen Artgenossen beispielsweise mitteilen: „Da kommt ein großer dünner Mensch, der ein blaues Hemd trägt, langsam auf unseren Bau zu." Eine derartig komplexe und präzise Kommunikationsfähigkeit hätte man einem Nagetier bis vor wenigen Jahren nicht zugetraut. Con Slobochikoff vertritt die Meinung, dass Variationen in den schrillen Obertönen der Alarmrufe den Tieren erlauben, derart komplexe Informationen in einem einzigen kurzen Ruf unterzubringen.

Für die Jungtiere der Präriehunde ist es sehr wichtig, diese unterschiedlichen Warnrufe sehr schnell unterscheiden zu lernen – sonst ist ihr Leben zu Ende, bevor es eigentlich angefangen hat. Der Wächter informiert seine Schützlinge auch mit einem „Allesklar-Ruf", wenn die Gefahr vorüber ist, sodass diese wieder ihrer normalen Tätigkeit nachgehen können, ohne unnötige Zeit im Schutz der Behausung zu verlieren.

Die größte Präriehundestadt aller Zeiten

Ein einzelner Präriehundebau wird jeweils von einer rund 25-köpfigen Präriehundegroßfamilie – bestehend aus einem Männchen, mehreren Weibchen und den gemeinsamen Kindern – bewohnt.

Während die weiblichen Jungtiere immer im Familienverband bleiben, müssen die jungen Männchen nach der Pubertät den Familienverband verlassen, um in der Nähe ein neues Heim zu erbauen und eine eigene Familie zu gründen. Durch diese Art der Ausbreitung entstehen mit der Zeit riesige unterirdische Höhlenkomplexe, die den Vergleich mit einer unterirdischen Großstadt nicht zu scheuen brauchen.

Die größte Präriehundestadt der Welt ist aktuell im Nordwesten des mexikanischen Bundesstaats Chihuahua zu bewundern. Die Präriehundemetropole umfasst 350 Quadratkilometer und hat eine Million Einwohner. Die größte Präriehundestadt aller Zeiten wurde um 1900 im US-Bundesstaat Texas entdeckt. Sie hatte geschätzte 400 Millionen Einwohner und erstreckte sich über eine Fläche von 65 000 Quadratkilometern – ein Gebiet von der Größe Bayerns.

In den unterirdischen Städten der Präriehunde herrscht übrigens keineswegs Frieden. Denn Präriehunde sind äußerst territoriale Tiere, bei denen jede Familie ihr heimisches Terrain erbittert gegen die benachbarten Clans verteidigt. Trifft zum Beispiel ein Präriehundemännchen an der Grenze seines Territoriums auf ein benachbartes Männchen, versucht es zunächst einmal, sein Gegenüber durch Drohgesten, wie Zähnefletschen oder Aufstellen des Schwanzes, einzuschüchtern. Fruchten diese Drohgebärden nicht, wird der Gegner mit Bissen, Tritten und Rammstößen mit dem Kopf attackiert. Ist ein Eindringling gleich groß oder kleiner, nehmen auch die Weibchen den Kampf auf. Ist der Gegner dagegen größer, rufen die Präriehundedamen doch lieber das eigene Männchen zu Hilfe.

Die erwachsenen Männchen wechseln in regelmäßigen Abständen den Familienverband. So soll vermieden werden, dass es zur Inzucht kommt. Für die nötige Auffrischung des Genpools sorgen letztendlich die Weibchen. Sie verweigern Männchen, die partout nicht den Familienverband wechseln wollen, die Paarung. Als Folge dieses Wechsels geht es in den Kinderstuben der

Die Klapperschlangenimitatorin

Verlassene Präriehundebauten werden auch gerne von einigen anderen Tierarten als Unterschlupf genutzt. Ein ziemlich außergewöhnlicher Nachmieter der Präriehunde ist die nordamerikanische Kanincheneule, die es sich – völlig untypisch für einen Vogel – unter der Erde gemütlich gemacht hat, um dort gut geschützt vor Fressfeinden ihre Jungen aufzuziehen. Wird die Kanincheneule dennoch in ihrem unteririschen Versteck durch einen eigentlich überlegenen Gegner wie einen Streifenskunk oder einen Silberdachs bedroht, kann sie mit einem Trick aufwarten, der in Wissenschaftskreisen als „akustische Mimikry" bezeichnet wird: Sie ahmt durch heftiges Geklapper mit dem Schnabel täuschend echt das warnende Klappergeräusch einer Klapperschlange nach. Und das mit großem Erfolg: Fast immer suchen die getäuschten Gegner schleunigst das Weite, wollen sie sich doch auf keinen Fall mit einer giftigen Klapperschlange in irgendwelche Streitigkeiten einlassen.

Präriehunde nicht gerade friedlich zu: So bringen Präriehundemännchen nach der Übernahme einer fremden Familie gezielt den Nachwuchs des Vorgängers um. Die Erklärung für diese aus menschlicher Sicht sehr brutale Handlungsweise ist vergleichsweise einfach: Durch ihre Tötungsaktion wollen die Männchen erreichen, dass die Weibchen schneller wieder empfängnisbereit werden. Schließlich wollen die Präriehundemännchen ihr eigenes Erbgut weitergeben und nicht auch noch dem Nachwuchs eines fremden Männchens beim Erwachsenwerden helfen. Aber auch die Präriehundeweibchen schrecken nicht vor Kindstötun-

Kanincheneulen suchen gerne Schutz in verlassenen Präriehund-
bauten.

gen zurück. So wurde immer wieder beobachtet, dass Mutter-
tiere den Nachwuchs anderer Weibchen, die erstaunlicherweise
nicht einem fremden, sondern dem gleichen Familienverband
angehörten, totgebissen haben. Nach Ansicht der Wissenschaft
wollen die Weibchen mit diesem Kindsmord dem eigenen Nachwuchs unliebsame Konkurrenz vom Hals schaffen. Durch diese
Verhaltensweise verlieren durchschnittlich fast 40 Prozent aller
Jungtiere einer Präriehundekolonie ihr Leben.

Prärieingenieure

Schwarzschwanz-Präriehunden fällt im Ökosystem Prärie eine wichtige Rolle zu. Die unterirdischen Bauten der „Prärieingenieure", wie die Tiere manchmal nicht nur scherzhaft bezeichnet werden, lockern nicht nur den von Rinder- und Bisonherden festgetrampelten und damit verdichteten Boden wieder auf, sondern fungieren auch während länger andauernder Trockenperioden als wichtiger Wasserspeicher für die Pflanzenwelt. Für andere Tierarten wie Wölfe, Kojoten, Marder, Dachse und Iltisse, aber auch Schlangen und Raubvögel stellen die kleinen Nager wiederum eine unverzichtbare Nahrungsquelle dar. Zudem haben Präriehundekolonien offensichtlich einen positiven Einfluss auf die Biodiversität eines Gebiets. Untersuchungen zeigen deutlich, dass in von Präriehunden bewohnten Gebieten eine größere Artenvielfalt herrscht als in vergleichbaren Gebieten, in denen keine Präriehunde vorkommen.

Am Ende des 19. Jahrhunderts kam es in den nordamerikanischen Prärien zu einer explosionsartigen Vermehrung der Präriehunde. Dafür waren – zumindest indirekt – die weißen Siedler verantwortlich, die damals den „Wilden Westen" eroberten. Die Siedler dezimierten zum einen die Fressfeinde der Präriehunde, nämlich Kojoten, Iltisse und Luchse. Zum anderen kamen zusammen mit den Siedlern auch große Rinderherden in den Lebensraum der Präriehunde. Die fraßen überall das Gras kurz – auch das hohe Gras, das bisher den Präriehunden rund um den Eingang ihrer Bauten die Sicht versperrte. So verschaffte das kurzgefressene Gras den Präriehunden im Kampf ums Dasein einen überlebenswichtigen Vorteil: Durch die jetzt deutlich bessere Weitsicht konnten Fressfeinde viel früher als bisher ausgemacht werden.

Als Folge dieser deutlich verbesserten Lebensbedingungen soll nach Schätzungen zeitgenössischer Wissenschaftler um 1900 die unglaubliche Anzahl von rund fünf Milliarden Schwarzschwanz-Präriehunden die nordamerikanischen Prärien bevölkert ha-

La Ola

Es gibt kaum eine große Sportveranstaltung, bei der die Zuschauer nicht eine La Ola, die sogenannte Stadionwelle, aufführen – zum einen, um sich selbst zu feiern, und zum anderen, um für gute Stimmung im Stadion zu sorgen. Aber offensichtlich hat nicht ein amerikanischer Cheerleader die La-Ola-Welle erfunden, wie dies in diversen Lexika behauptet wird. Die „Welle" wurde schon längst vorher im Tierreich aufgeführt – und zwar von Präriehunden. Ab und zu kann man beobachten, dass ein Mitglied einer Präriehundekolonie plötzlich aufspringt und dass dann sofort andere Mitglieder der Kolonie einer nach dem anderen diesen Sprung imitieren, sodass das Gesamtbild verblüffend an die La-Ola-Welle im Fußballstadion erinnert.

Aber was veranlasst die niedlichen Erdhörnchen dazu, eine „Stadionwelle" aufzuführen? Sportlicher Ehrgeiz oder einfach nur Spaß an der Freude? Vor Kurzem sind Biologen von der kanadischen Universität von Manitoba in Winnipeg diesem Geheimnis vermutlich auf die Spur gekommen: Die Wissenschaftler konnten beobachten, das sich die Präriehunde, die durch Initiation einer La-Ola-Welle viele Koloniemitglieder zum Mitmachen animieren konnten, anschließend reichlich Zeit bei der Futtersuche verbrachten. Deshalb vermutet man, dass die Präriehunde mit ihrem Sprung einfach nur die Aufmerksamkeit ihrer Artgenossen testen wollen. Denn beteiligen sich viele Artgenossen an der Welle, zeigt das, dass die Kolonie wachsam ist. Dann kann sich ein einzelnes Koloniemitglied relativ sicher fühlen und sich ohne Sorgen auf Nahrungssuche begeben. Machen dagegen nur wenige Präriehunde den Sprung mit, ist Vorsicht angebracht: Dann sind die Kollegen anderweitig beschäftigt und dadurch abgelenkt.

ben – davon alleine 800 Millionen im US-Bundestaat Texas. Sie stellten nach Ansicht der Farmer eine ernsthafte Bedrohung der heimischen Landwirtschaft dar – nicht nur, weil die kleinen Nager angeblich den Rindern das Gras und den Menschen Getreide und Gemüse wegfraßen. Wissenschaftler rechneten aus, dass 256 Präriehunde soviel wertvolles Weidegras verputzen, wie ein Rind und 32 Präriehunde im Grasverbrauch immerhin mit einem Schaf gleichzusetzen seien. Auch die Klagen, dass die Untergrabungen der Weideflächen bei Rindern und Pferden immer häufiger zu Beinbrüchen führten, nahmen zu.

Die US-Regierung reagierte auf die Klagen der Farmer und setzte eine nahezu beispiellose Ausrottungskampagne in Gang, der binnen weniger Jahre über 99 Prozent der nordamerikanischen Präriehundepopulation zum Opfer fiel. Obwohl bis vor wenigen Jahren immer wieder großflächige Vergiftungsmaßnahmen in verschiedenen US-Bundesstaaten durchgeführt wurden, wird der Bestand der Schwarzschwanz-Präriehunde heute von Experten als „gering gefährdet" eingestuft. Auch der Utah-Präriehund, der dank gnadenloser Bejagung noch bis ins Jahr 1996 auf der Roten Liste der vom Aussterben bedrohten Arten als „gefährdet" geführt wurde, wird mittlerweile dank umfangreicher Schutzmaßnahmen nur noch als „von Schutzmaßnahmen abhängig" geführt. Einzig der Mexikanische Präriehund ist sowohl durch direkte Verfolgung als auch durch die Zerstörung seines Lebensraums durch die Intensivierung der Landwirtschaft in seiner Existenz stark gefährdet.

Komfortbettenbauer

Orang-Utans, deren malaiischer Name „Waldmensch" bedeutet, sind die größten heute noch lebenden Baumsäugetiere der Welt sowie die einzigen überlebenden Menschenaffen Asiens überhaupt. Die überragende Intelligenz der Waldbewohner mit den langen Armen wurde allerdings von der Wissenschaft lange Zeit übersehen bzw. einfach nicht zur Kenntnis genommen. In Sachen Klugheit und Erfindungsreichtum traute man den afrikanischen Vettern der Orang-Utans, den Schimpansen und den Bonobos, früher deutlich mehr zu. Möglicherweise waren die Orang-Utans an dieser Unterschätzung ihrer Intelligenz jedoch nicht ganz unschuldig. Eine alte indonesische Legende besagt, dass Orang-Utans wohl reden könnten, wenn sie nur wollten, es jedoch nicht täten, weil sie fürchteten, dann arbeiten zu müssen. Nach neueren wissenschaftlichen Erkenntnissen steht die Intelligenz von Orang-Utans der von Bonobos oder Schimpansen jedoch keineswegs nach. Sie ist lediglich etwas anders ausgerichtet als die ihrer afrikanischen Verwandtschaft. Orang-Utans verfügen zum Beispiel über überragende technische Fähigkeiten, die sie auch gezielt einsetzen, wenn es um ihre Sicherheit, aber auch um ihren persönlichen Komfort geht. So sind Orang-Utans beispielsweise begnadete Bettenbauer.

Orang-Utans schlafen zum Schutz vor Fressfeinden wie Tigern oder anderen Raubkatzen hoch in den Bäumen. Da die großen Menschenaffen nachts in den Baumwipfeln nicht auf Komfort verzichten wollen, bauen sie sich dort ein richtig schönes Bett. Natürlich muss so ein Affenbett stabil sein, kann doch ein ausgewachsenes Orang-Utan-Männchen bis zu hundert Kilogramm auf die Waage bringen.

Um solche stabilen Betten zu bauen, suchen sich die Affen zunächst sorgfältig einen kräftigen Seitenast als Basis für das Bett aus. Auf diesen Seitenast setzen sie sich dann und biegen gezielt alle Äste und Zweige aus der näheren Umgebung nach innen, bis sie sich in der Mitte treffen. Die rothaarigen Primaten achten dabei aber peinlich genau darauf, dass die Äste bei dieser extremen Biegung nicht vollständig brechen, sondern, dass es nur zu einer sogenannten „Grünholzfraktur" kommt. Grünholzfraktur heißt: Die Äste brechen zwar, die gebrochenen Teile sind jedoch immer noch durch Holzfasern fest miteinander verbunden. Anschließend verschränken die Orang-Utans die gebrochenen Seitenäste und verweben sie regelrecht miteinander, bis eine mehrschichtige ovale Plattform entsteht. Nach Aussage von Fachleuten würden wir Menschen das so entstandene Gebilde wahrscheinlich als „Mehrzonen-Lattenrost" bezeichnen. Dieser muss jetzt nur noch vom fleißigen Bettenbauer mit Blättern gepolstert bzw. ausgefüttert werden. Und weil es Orang-Utans gerne komfortabel und gemütlich mögen, basteln sich die Affen aus Blättern noch eine Decke und ein Kopfkissen dazu. Neben der Tragfähigkeit legen Orang-Utans bei der Wahl ihres Schlafbaums offensichtlich noch großen Wert auf eine schöne Aussicht, und nervende Ameisen oder Moskitos sollten auch nicht im Übermaß vorhanden sein. Nach neueren wissenschaftlichen Erkenntnissen statten einige Orang-Utans ihre Betten gezielt mit Blättern aus, die dank ätherischer Öle über eine Art „Moskito-Repellent-Funktion" verfügen und so dafür sorgen, dass die großen Menschenaffen im Schlaf nicht von den stechenden Plagegeistern gepiesackt werden.

Übriges kann ein in Sachen „Orang-Utan-Bettenbau" erfahrener Wissenschaftler anhand der Bettenarchitektur relativ leicht erkennen, wer welches Bett gebaut hat: Geübte ältere Orang-Utan-Männchen sind deutlich bessere Bettenkonstrukteure als zum Beispiel unerfahrene Jungtiere.

Der Bettenbau selbst geht relativ fix vonstatten: Durchschnittlich acht Minuten braucht ein Orang-Utan, um eine Schafplattform zusammenzuflechten. Bei den Betten handelt es sich übrigens fast ausschließlich um „Einwegbetten", die nur eine einzige Nacht genutzt werden. Es kommt nur selten vor, dass Betten mehrfach gebraucht oder sogar repariert werden. Für die erstaunliche Erkenntnis, dass die Orang-Utans sich für jede Nacht ein neues Bett bauen und nicht auf bereits vorhandene Möbelstücke zurückgreifen, führen Wissenschaftler gleich zwei mögliche Erklärungen an: Zum einen liegen die Menschenaffen wohl lieber auf frischen Blättern als auf verwelkten und zum anderen spie-

len wohl auch hygienische Gründe eine Rolle. Die Orang-Utans wollen wahrscheinlich verhindern, dass sich in einem Nest über längere Zeit Parasiten ansammeln. Daher wundert es nicht, dass man bei einer so komfortablen Bettstatt die Orang-Utans in den Regenwäldern Sumatras hoch oben in den Bäumen laut, aber glücklich und zufrieden schnarchen hört.

Ihre Einwegbetten mit Mehrzonen-Lattenrost sind bei Weitem nicht der einzige Beweis, dass Orang-Utans Werkzeuge herstellen und auch benutzen können. Nein, in Sachen Werkzeuggebrauch sind Orang-Utans viel breiter aufgestellt. Zum Beispiel halten die cleveren Menschenaffen offensichtlich einiges von einer sorgfältigen Körperpflege. Dafür nutzen die Orang-Utans zarte Blätter entweder als Serviette, um sich den Mund abzuwischen, oder als Toilettenpapier. Besonders große Blätter werden als Regenschirm eingesetzt, Zweige mit besonders vielen Blättern dagegen als Fliegenwedel. Ähnlich wie Schimpansen nutzen Orang-Utans spitze Stöckchen, um Insekten aufzuspießen und anschließend zu verzehren. In Gefangenschaft lebende Orang-Utans können sogar noch deutlich mehr: In Zoos hat man beobachtet, dass die Tiere bei Bedarf spezielle Stöcke als Schaufeln nutzen, Leitern bauen oder, wenn der Durst sie sehr plagt, sich schnell aus Blättern eine Tasse basteln.

Auch die afrikanische Verwandtschaft der Orang-Utans, die Schimpansen, bauen sich jeden Abend auf einem Baum ein neues Bett – allerdings nicht alle Schimpansen. Der tägliche Baumbettenbau wurde bisher nur bei einer Schimpansengruppe im Toro-Semliki-Nationalpark in Uganda festgestellt. Bei der Anlage ihrer sogenannten Schlafplattformen legen die Schimpansen allerdings offenbar weniger Wert auf Komfort als auf Stabilität. US-Biolo-

Orang-Utans sind nicht nur geschickte Kletterer, sondern auch begnadete Bettenbauer.

gen von der Universität Nevada haben beobachtet, dass sich die Schimpansen in fast dreiviertel aller Fällen einen sogenannten Muhimbi-Baum als Grundlage für ihre Schlafplattform aussuchen, obwohl diese Bäume im Verbreitungsgebiet der Schimpansen nur zehn Prozent des Baumbestands ausmachen. Die rund 45 Meter hohen Muhimbi-Bäume bringen alle Voraussetzungen mit, um in ihrer Krone eine stabile Schlafstatt anzulegen: Der Stamm ist aus extrem hartem Holz, die Äste sind äußerst bruchfest und haben einen geringen Abstand vom Astknoten sowie eine geringe Blattfläche im Verhältnis zur Astlänge. Diese Eigenschaften machen es den Schimpansen leicht, stabile und sichere Schlafplattformen zu basteln. Übrigens: Wenn die Mahimbi-Bäume groß genug sind, kann ein Baum auch die Schlafnester von mehreren Schimpansen tragen.

Miniaturbaumeister

Ein vergleichsweise einfach strukturiertes Gehirn zu besitzen, muss nicht zwangsläufig bedeuten, dass man als Baumeister bzw. Architekt nicht zu den Besten seiner Zunft gehören kann. Das Gegenteil ist richtig: Wenn es so etwas wie Superstars unter den tierischen Architekten und Baumeistern gibt, dann finden wir diese mit Sicherheit unter den Insekten, genauer gesagt, den sozialen Insekten. Von dem, was Ameisen, Termiten, Bienen und Co in Sachen Baukunst leisten, können sogar wir Menschen uns in einigen Fällen eine dicke Scheibe abschneiden.

Wolkenkratzer aus Lehm und Kot

Ein Hochhaus mit drei Millionen Bewohnern

Der Burj Khalifa in Dubai ist das höchste Gebäude der Welt: Unglaubliche 830 Meter streckt sich der gewaltige Turm im Wüstenemirat in den Himmel. Damit ist der Burj Khalifa fast doppelt so hoch wie das berühmte Empire State Building, das von 1931 bis 1972 den Titel „höchstes Gebäude der Welt" innehatte. Doch der Turm in der Wüste kann noch mit weiteren Rekorden aufwarten: 330 000 Kubikmeter Beton und 31 400 Tonnen Stahl wurden in 22 Millionen Arbeitsstunden auf einer Geschossfläche von 526 760 Quadratmetern verbaut. 160 Stockwerke hat der „Turm des Kalifen", der mit 200 großen und 650 kleinen Betonpfählen bis in eine Tiefe von 70 Metern im Boden verankert wurde. Im Turm wohnen und arbeiten 12 000 Menschen. Die Spitze des Turms lässt sich bei klarer Sicht aus über 100 Kilometern Entfernung erkennen.

Architektonisch gesehen ist der Burj Khalifa aber nicht unübertroffen. In der Kalahari, im Südwesten Afrikas, bauen winzige Termiten der Gattung *Macrotermes* geradezu monumentale Hochhäuser, die bis zu acht Meter hoch sind, aber gleichzeitig auch tief ins Erdreich reichen. Diese Hochhäuser bieten mehreren Millionen Termiten eine komfortable und behagliche Unterkunft. Setzt man die Körpergröße der Termiten in Relation zur Körpergröße der Menschen, lassen diese Wohnburgen die menschliche Baukunst geradezu bescheiden erscheinen: Um eine vergleichbare architektonische Leistung zu erbringen, müssten menschliche Baumeister ein Gebäude von der Größe der Zugspitze errichten, das gleichzeitig genügend Wohnraum für alle Bewohner Berlins bietet.

Aber auch hinsichtlich der Innenausstattung brauchen die sechsbeinigen Miniarchitekten den Vergleich mit ihren menschlichen Kollegen keineswegs zu scheuen: Die „gotischen Kathedralen der Tierwelt" sind mit einer äußerst raffinierten Klimatechnik ausgestattet, die es den wärme- und feuchtigkeitsliebenden Termiten ermöglicht, unabhängig von den äußeren Witterungsbedingungen in einem konstant günstigen Mikroklima zu leben und zu arbeiten.

Termiten gehören zu den sogenannten staatenbildenden Insekten. Ihr Staat setzt sich aus sogenannten Kasten zusammen – unterschiedlich aussehenden Gruppen von Individuen, die im Staatswesen auch unterschiedliche Aufgaben übernehmen. Fast in allen Termitenstaaten existieren drei Hauptkasten: Geschlechtstiere, Soldaten und Arbeiter. In den meisten Staaten findet man lediglich ein Paar Geschlechtstiere, die von Wissenschaftlern als König und Königin bezeichnet werden. Während die Geschlechtstiere ausschließlich mit der Produktion von Nachkommen beschäftigt sind, ist es die Aufgabe der unzähligen kleinen Arbeiter, Futter zu beschaffen und für die Brutpflege zu sorgen. Außerdem sind sie für den Aufbau und die Instandsetzung der Termitenhügel verantwortlich. Der Job der meist deutlich größeren und mit mächtigen Kieferzangen ausgerüsteten Soldaten ist es dagegen, den Termitenhügel gegen Angreifer aller Art zu verteidigen.

Im Gegensatz zu den anderen sozialen Insekten wie Ameisen, Bienen oder Wespen sind alle Kasten zweigeschlechtlich und bestehen aus Männchen und Weibchen. Allerdings bilden lediglich die Geschlechtstiere funktionierende Fortpflanzungsorgane aus. König und Königin sondern an ihrer Körperoberfläche ständig hormonartige Hemmstoffe ab, die verhindern, dass weitere Geschlechtstiere entstehen können. Diese Hemmstoffe werden von den Arbeitern bei der Fütterung des Königspaars aufgenommen und höchstwahrscheinlich mit der Nahrung an die anderen Mitglieder des Termitenstaats weitergegeben. Sterben die „regierenden" Geschlechtstiere, fällt diese hormonale Unterdrückung der Fortpflanzungsfähigkeit weg und bestimmte Jugendstadien können sich relativ schnell zu fortpflanzungsfähigen Geschlechtstieren entwickeln. So wird sichergestellt, dass der Staat nicht ausstirbt.

Der Termitenhügel selbst besteht in seinem Inneren aus einem äußerst komplexen und verschachtelten Labyrinth aus Kammern, Schächten und Gängen. Die zahlreichen Stockwerke sind durch viele Rampen miteinander verbunden. Das gewährleistet, dass die Wege im Hügel für die Arbeiter relativ kurz sind.

Als Baumaterial für die Außenhülle, die bis zu 60 Zentimeter dick sein kann, verwenden die Termiten eine selbst zusammengestellte Mischung aus Sandkörnern, Erde und kleinen Holzteilchen. Als Bindemittel dient, je nach Art, entweder Speichel oder auch Kot. Aus diesem Gemisch formen die kleinen Insekten mithilfe ihrer Beine und ihrer Mundwerkzeuge zunächst kleine Klümpchen, die sie dann an der richtigen Stelle platzieren. Ist es erst einmal ausgetrocknet, wird dieses seltsame Baumaterial so hart wie Zement. Manche Termitenbauten verfügen daher über eine derartig harte Außenhülle, dass man ihr noch nicht einmal mit einer Spitzhacke erfolgreich zu Leibe rücken kann. Um einen solchen, regelrecht gepanzerten Termitenhügel zu zerstören, muss man schon zu Dynamit greifen. Für einen durchschnittlich großen Hügel verbauen die kleinen Insekten, die selbst nur ein paar Milligramm auf die Waage bringen, rund 50 Tonnen Erde – das entspricht etwa dem Gewicht von zehn Elefanten.

Ziemlich exakt im Zentrum des Termitenbaus befindet sich die sogenannte Königszelle, eine rund 15 bis 20 Zentimeter lange Kammer, in der die Geschlechtstiere des Termitenstaats leben. Anders als dies bei anderen staatenbildenden Insekten der Fall ist, ist der Termitenstaat kein reiner Frauenstaat, in dem Männchen nach der Befruchtung nur noch überflüssigen Ballast darstellen – nutzlose Fresser, derer sich zum Beispiel Bienen auch manchmal durch Mord entledigen. Bei den Termiten leben Königin und König ein Leben lang – durchaus über 20 Jahre – glücklich zusammen. Auffällig ist dabei der Größenunterschied zwischen den Geschlechtern: Während der König gerade etwa einen Zentimeter groß ist, bringt es allein der monströse Hinterleib der Königin auf zehn Zentimeter und mehr. Diese Tatsache ist für den Termitenstaat geradezu überlebensnotwendig, da es sich bei der Königin um eine regelrechte Gebärmaschine handelt, deren einziger Job es ist, für viele Nachkommen zu sorgen. So verlässt alle zwei bis drei Sekunden ein neues Ei den Hinterleib der Königin. Das sind insgesamt etwa 30 000 Eier pro Tag und damit im Laufe des langen Lebens der Königin durchaus mehrere hundert Millionen Nachkommen.

Die Wände der Königszelle sind stets mit einigen kleinen Löchern versehen. Denn nur so können die winzigen Arbeiterinnen in die Zelle vordringen und durch Mund-zu-Mund-Fütterung für eine angemessene Versorgung des Königspaars sorgen. Rund um die Königszelle liegen die Kammern für die Eier und die kleineren Larven, an die sich die Kammern für die älteren Larven, aber auch die Wohnkammern der Arbeiter und Soldaten anschließen.

Für den Innenausbau verwenden die Termiten übrigens ein deutlich leichteres Material als für die Außenhülle. Die Königskammer, die Kammern der Larven und auch die Vorratskammern werden mithilfe einer Art Pappmaschee gebildet, das die sechsbeinigen Baumeister aus mit Speichel vermischten zerkauten Holzstückchen herstellen.

Noch weiter in der Peripherie finden sich die sogenannten Pilzkammern, in denen die Termiten ihre Hauptnahrungsquelle, essbare Pilze kultivieren. Während bei den „niederen Termiten" Holz ganz oben auf der Speisekarte steht, greifen die höher entwickelten Termiten der Unterfamilie der *Macrotermitinae* auf eine andere Nahrungsquelle zurück. Ähnlich wie die Blattschneiderameisen sind diese Termiten unter die Farmer gegangen und züchten in ausgedehnten unterirdischen Pilzgärten Pilze der Gattung *Termitomyces*, die ihnen später als Nahrung dienen. Lebensgrundlage für die Pilze ist ein nahrhafter Pilzkompost, den die Termiten selbst herstellen. Dazu zerkleinern zunächst die älteren Termitenarbeiter mit ihren Mundwerkzeugen diverse Holz- und andere Pflanzenmaterialien zu einer Art Sägemehl, das sie anschließend im Randbereich der Termitenbauten zu größeren

Ballen aufschichten. Diese vorgekaute Substanz wird dann von den jüngeren Arbeitern abgeholt und verzehrt. Den durch diesen Vorgang produzierten Kot bringen die Termiten in speziellen Kammern als Kompost aus. Dieser Kompost dient wiederum als Nährsubstanz für die Pilze. Diese haben im Gegensatz zu den Termiten spezielle Enzyme, um das schwer verdauliche Lignin und die Zellulose der Holzbestandteile aufzuschließen und in eine ernährungsphysiologisch deutlich wertvollere „Pilzbiomasse" zu verwandeln. So entsteht letztendlich aus unverdaulichem Holz ein eiweiß- und vitaminhaltiges Powerfood, das auch höchsten Ansprüchen genügt. Haben die Pilze einen bestimmten Reifegrad erreicht, werden die weißen Pilzköpfchen von den Arbeitern abgeerntet und an König und Königin bzw. an den Nachwuchs verfüttert. Ähnlich wie bei den Blattschneiderameisen handelt es sich bei dieser Beziehung um eine sogenannte obligatorische Symbiose. Das bedeutet, dass die Termiten nicht ohne die Pilze überleben können und die Pilze nicht ohne die Termiten.

Die vollautomatische Klimaanlage

Dank seiner zementartigen Hülle bietet der Hügel seinen zahlreichen Bewohnern auch einen sicheren Schutz vor Fressfeinden. In Afrika schafft es lediglich das auf den Verzehr von Ameisen und Termiten spezialisierte Erdferkel, mit seinen starken Klauen die steinharten Mauern eines Termitenhügels aufzubrechen.

Andere Tierarten nutzen die Termitenhügel dagegen auch gerne für eine ausgiebige Körperpflege. So reiben sich Elefanten bevorzugt an den grobkörnigen Bauten, um lästige Hautparasiten loszuwerden. Termitenexperten erkennen Hügel, die besonders häufig von Dickhäutern zur Hautreinigung frequentiert werden, schon von Weitem an ihrer rundlichen Form bzw. ihrer glatten Oberfläche.

Die Hauptaufgabe der riesigen Hügel ist es jedoch, für die Regulation des Mikroklimas im Termitenbau zu sorgen. In Sachen

Klimaregulation des Termitenhügels gilt es zwei wichtige Grundvoraussetzungen zu erfüllen: Zum einen muss die Temperatur im Bau stets bei 30° Celsius gehalten werden. Bei dieser Temperatur fühlen sich das Königspaar und die Brut am wohlsten. Auf der anderen Seite wird durch die hohe Stoffwechselaktivität der Millionen von Tieren und vor allem auch durch die Pilzgärten eine große Menge Sauerstoff verbraucht, der dringend ersetzt werden muss. Ohne ein gut funktionierendes Belüftungssystem würden alle Individuen im Bau innerhalb von zwölf Stunden jämmerlich ersticken. Wissenschaftler haben berechnet, dass eine tägliche Frischluftzufuhr von mindestens 1500 Litern nötig ist, um einen mittelgroßen Termitenstaat ausreichend mit Sauerstoff zu versorgen.

Zur Lösung dieser Problematik statten die Termiten ihre Bauten mit einer raffiniert ausgeklügelten „Klimaanlage" aus, die ihren Wohnbereich zum einen ständig mit sauerstoffreicher Frischluft beliefert, zugleich aber auch für konstante Temperaturen und eine hohe Luftfeuchtigkeit sorgt. Der geniale Trick an der Klimaanlage der Termiten ist, dass sie vollautomatisch funktioniert. Dafür sorgt vor allem die Wärme, die durch den Stoffwechsel der Termiten und der Pilzzuchten reichlich im Zentrum des Baus entsteht. Genau diese Wärme wird von den cleveren Tieren als Energiequelle für das Belüftungssystem genutzt. Dazu haben die Termiten im Zentrum des Termitenhügels einen kaminartigen Schacht angelegt, in dem die warme, kohlendioxidreiche Luft entsprechend den physikalischen Gesetzen zunächst nach oben steigt. In der oberen Region des Hügels wird die warme Luft dann über zahlreiche Seitengänge in die Außenhülle des Termitenbaus geleitet. Hier kühlt sich die Luft ab und sinkt in speziellen Röhren wieder nach unten. Gleichzeitig findet über winzige Poren in der Hülle ein Gasaustausch statt: Kohlendioxid und Methan werden nach außen abgeleitet, während sauerstoffreiche Luft durch den entstandenen Unterdruck angesaugt wird. Die kühle, sauerstoffreiche Luft sinkt nach unten, bis sie schließlich wieder den „Wohnbereich" des Termitenhügels erreicht und dort für die erwünschte gleichmäßige Wohlfühltemperatur sowie eine ausreichende Sauerstoffversorgung sorgt. Anschließend beginnt der Kreislauf von vorn.

Droht es trotz raffinierter Klimatechnik doch einmal zu einer Überhitzung oder einer zu starken Abkühlung des Termitenhügels zu kommen, greifen bestimmte Termitenarbeiter sofort steuernd ein. Bei einer drohenden Abkühlung schließen sie einfach ein paar Belüftungsgänge, bei einer bedrohlichen Erwärmung legen sie dagegen schnell ein paar zusätzliche Belüftungsporen an. Damit sind Termiten die einzigen Lebewesen, denen es gelungen ist, eine Klimaanlage zu bauen, die keinen Strom benötigt.

Besonders raffiniert gehen die australischen Kompasstermiten bei der Klimaregelung ihrer Bauten vor. Bei diesen Termiten, die in den Savannen Nordaustraliens zu Hause sind, dient gleich der gesamte Termitenhügel als Klimaanlage. Im Gegensatz zu anderen Termitenarten haben die etwa 3 Meter hohen Hügel der Kompasstermiten keine annähernd kreisrunde Grundfläche, sondern sind nur 20 bis 30 Zentimeter breit. Die Hügel, die auf den ersten Blick wie eine schmale freistehende Wand aussehen, sind streng nach dem Magnetfeld der Erde ausgerichtet, wobei ihre Längsachse exakt von Norden nach Süden zeigt.

Sinn und Zweck dieser peniblen Nord-Süd-Ausrichtung ist es, im Innenraum der Hügel im gesamten Tagesverlauf eine konstante Temperatur zu gewährleisten. Dank Ausrichtung und Bauweise gelingt dies auch vorzüglich: Morgens, wenn die Sonne im Osten aufgeht, wird sofort die gesamte Breitseite – und damit die größte Fläche des Termitenhügels – bestrahlt. Das sorgt dafür, dass sich der Termitenhügel nach der oft kalten Nacht wieder relativ schnell erwärmt. Mittags dagegen, wenn die Sonne senkrecht am Himmel steht und die Temperaturen massiv nach oben klettern, wird lediglich die schmale Oberfläche des Termitenbaus bestrahlt. Dadurch bleibt die Temperatur im Inneren des Hügels auch weiterhin erträglich. Abends, wenn die Sonne tief im Westen steht, wird wieder die großflächige Breitseite des Hügels bestrahlt und dadurch kann nochmals Wärme für die Nacht gespeichert werden. Woher die Kompasstermiten allerdings wissen, wo genau Norden und Süden ist, ist bisher noch unbekannt. Generell passen sich Termitenbauten in Form und Funktion immer den äußeren Gegebenheiten an. So findet man bei Termitenarten, die in den niederschlagsreichen Regenwäldern leben, auf der Spitze der Wohnbauten kleine pilzförmige Dächer, die den Bau vor schweren Regengüssen schützen sollen. Bei unseren Macrotermesarten, die vor allem in niederschlagsarmen Gebieten vorkommen, fehlen dagegen diese Regenschutzhauben.

Aber nicht nur mit Überflutungen, sondern auch mit anhaltenden Dürreperioden können viele Termitenarten gut fertig werden. Sie zapfen in solchen Fällen durch die Anlage tiefer Schächte das Grundwasser an, damit dieses durch Verdampfen den Kern des Termitenhügels erreichen kann. In einigen Termitenbauten haben Wissenschaftler Schächte von mehr als 30 Meter Tiefe entdeckt, die die kleinen Insekten ausschließlich zum Zweck der Wasserversorgung angelegt hatten. Mit dieser gewaltigen baulichen Leistung schaffen es die Termiten, für eine ausreichende Luftfeuchtigkeit im Bau zu sorgen. Das ist auch notwendig, da im Termitenbau ein hoher Feuchtigkeitsbedarf herrscht. Besonders wohl fühlen sich Termiten bei einer Luftfeuchtigkeit von etwa 90 Prozent, wie sie auch im tropischen Regenwald herrscht. Andere Termitenarten sorgen dagegen durch den unablässigen Eintrag von feuchter Erde in den Bau für eine ausreichende Luftfeuchtigkeit.

Um die außergewöhnliche architektonische Leistung der Termiten würdigen zu können, muss man sie in Relation zu unseren baulichen Fähigkeiten setzen. Ein Bauvorhaben, wie das des höchsten Gebäudes der Welt, ist ohne eine langjährige Planung, komplizierte mathematische Berechnungen und millimetergenaue Baupläne undenkbar. Außerdem ist bei einem solchen Projekt auch eine enge und fein abgestimmte Zusammenarbeit unterschiedlichster Spezialisten – wie Architekten, Statikern,

Bauingenieuren, Brandschutzexperten oder Stahlbauern – nötig, die alle über eine langjährige Ausbildung bzw. Erfahrung verfügen müssen.

Diese Voraussetzungen sind bei den Termiten alle nicht gegeben und dennoch haben sie mit ihren Lehmwolkenkratzern mit integrierter Superklimaanlage eine mit dem Bau des Burji Khalifa durchaus vergleichbare Leistung erbracht. Dabei darf man nicht vergessen, dass Termiten blind sind und lediglich mit Düften bzw. Klopfzeichen kommunizieren können. Interessant ist in diesem Zusammenhang auch die Tatsache, dass nicht die Menschen, sondern die Termiten die ältesten sozialen Lebewesen der Welt sind. Das zeigen versteinerte Termitenhügel in der Kalahari, deren Alter von Experten auf 120 Millionen Jahre datiert wurde.

Mittlerweile lassen sich längst auch unsere Architekten in Sachen Klimatechnik von den genialen Baukünsten der Termiten leiten. So sucht man zum Beispiel im Eastgate Centre, Simbabwes größtem Bürozentrum, vergeblich nach einer herkömmlichen Klimaanlage. Das 1996 eröffnete Einkaufs- und Bürozentrum in Simbabwes Hauptstadt Harare wurde von seinen Erbauern nicht nur mit einer Klimaanlage, sondern auch mit einer Heizung nach Termitenvorbild ausgestattet: Tagsüber, wenn die Tropensonne mit hoher Intensität – 40 Grad Celsius und mehr sind in Harare keine Seltenheit – brennt, wird die Luft im Gebäude kräftig aufgeheizt, steigt deshalb den Gesetzen der Physik folgend in über 40 speziell dafür angelegten Lüftungsschächten nach oben und wird auf dem Dach über kleine Kamine ausgestoßen. Dadurch entsteht letztendlich ein Unterdruck, der dafür sorgt, dass deutlich kältere Frischluft aus dem kühlen Innenhof durch Fußleisten in die Büroräume gesaugt wird. In der Nacht, wenn die Temperatu-

Termitenbauten: Lehmwolkenkratzer
mit eigener Superklimaanlage.

Die Delikatesse vom Termitenhügel

Tief im afrikanischen Südwesten erfreuen sich nicht nur die Termiten an den Pilzen, die mit ihnen in enger Symbiose leben. Die Pilze der Gattung *Termitomyces* gelten auch bei den Einwohnern Namibias als saisonale Delikatesse, die man vergleichsweise einfach ernten kann: Zu Beginn der Hauptregenzeit im Januar bohren sich die Pilze, die unseren heimischen Parasolpilzen nicht unähnlich sind, nach dem ersten kräftigen Regen durch die steinharte Hülle des Termitenhügels an die Oberfläche und bilden dort einen faustgroßen Fruchtkörper. Nur wenige Stunden nachdem die Pilze die Kruste des Hügels durchbohrt haben, entfaltet sich dann – wie von Zauberhand gesteuert – ihr leuchtend weißer Schirm, der mitunter durchaus die Größe eines Suppentellers erreichen kann. Der Rekord in Sachen Schirmdurchmesser beträgt immerhin 78 Zentimeter. In Westafrika findet man sogar Termitenpilze mit einem Schirmdurchmesser von einem Meter und mehr. Das plötzliche Entfalten seines weithin sichtbaren weißen Schirms ist auch der Grund, warum der Termitenpilz von den Hereros „Omajova" (Dummkopf) getauft wurde. Nach Ansicht der Ureinwohner Namibias ist jemand, der sich seinen Fressfeinden geradezu auf dem Präsentierteller zeigt, ziemlich dumm. Termitenpilzsammler tun übrigens gut daran, bereits am frühen Morgen auf Pilzsuche zu gehen. Denn auch Antilopen und Warzenschweine lassen sich die aus dem Termitenhügel sprießende Delikatesse nur ungern entgehen. Allerdings sprießen die begehrten Pilze nur in regenreichen Jahren – das erschwert eine regelmäßige Ernte.

Der Geschmack der Pilze wird von Kennern als „nussartig mild" beschrieben, wobei in erster Linie der zarte Schirm und nicht der feste Stiel verzehrt wird. Die Zubereitungsart der Termitenpilze ist je nach Region verschieden. In der namibischen Hauptstadt Windhoek zum Beispiel hat man in diversen Feinschmeckerrestaurants die Wahl zwischen einem Omajova-Strudel oder einer Omajova-Cremesuppe. Weiter im Norden setzt man dagegen gerne auf ein paniertes Omajova-Schnitzel.

ren im 1483 Meter über dem Meeresspiegel gelegenen Harare oft bis in die Nähe des Gefrierpunkts fallen, sorgen die am Tag von der starken Sonneneinstrahlung aufgeheizten Betonwände dafür, dass die Büros nicht auskühlen. So bleibt gewährleistet, dass die Temperatur im Gebäude rund um die Uhr stets bei angenehmen 23 bis 25 Grad Celsius bleibt – und das fast ohne den Einsatz von Strom oder fossilen Brennstoffen.

Der Einbau des „Termitenventilationsystems" im Eastgate Centre hat sich übrigens auch finanziell gelohnt: Durch den Verzicht auf eine konventionelle Klimaanlage konnten alleine bei den Baukosten fast vier Millionen US-Dollar eingespart werden. Auch der monatliche Stromverbrauch des Gebäudes beträgt lediglich die Hälfte von dem, was vergleichbare Gebäude in Harare monatlich an Strom benötigen.

Pilzplantagen unter der Erde

Schneider, Transporteure, Bodyguards

Auch wenn man es kaum glauben mag, Blattschneiderameisen haben eine ähnliche Entwicklungsgeschichte wie wir Menschen. Einst Jäger und Sammler, haben sich auch die kleinen Insekten im Laufe der Evolution zu einem reinen Agrarvolk entwickelt, das seine Nahrung ausschließlich aus einer gut funktionierenden Landwirtschaft bezieht. Die Ameisen, die mit insgesamt 40 Arten ausschließlich in den Tropen und Subtropen Amerikas zu Hause sind, haben sich der Pilzzucht verschrieben. Das hat wiederum etwas mit dem Namen der kleinen Insekten zu tun, den die Blattschneiderameisen der Tatsache verdanken, dass sie mit ihren scharfen Mundwerkzeugen Pflanzenblätter in kleine Stücke zerteilen und diese dann in langen Kolonen in ihre unterirdischen Nester transportieren. Erst relativ spät, im Jahr 1874, hat der englische Naturforscher Thomas Belt herausgefunden, dass die Blattstücke den beißfreudigen Ameisen nicht – wie lange vermutet – als Nahrung dienen. Vielmehr verwenden die Ameisen die Blattteile als nährstoffreiches Substrat, auf dem sie in unterirdischen Gärten, um nicht zu sagen Plantagen, einen Pilz namens *Leucoagaricus* anbauen. Dieser Pilz aus der Gattung der Egerlingsschirmlinge dient den kleinen Insekten als einzige Nahrungsquelle.

Im Blattschneiderameisenstaat gibt es im Gegensatz zu vielen anderen Ameisenarten nicht nur einen einzigen Typ Arbeiterin, der alle im Ameisenstaat anfallenden Arbeiten erledigen muss, sondern es herrscht ein sogenanntes „Kastensystem": Die Ernte der Blätter, der Transport der Blätter zum Nest, die Weiterverarbeitung sowie der Pilzanbau werden in fein aufeinander abgestimmten Schritten von äußerlich unterschiedlichen Arbeiterinnen ausgeführt. Dabei ist die Anatomie einer jeden Kaste perfekt an die zu erledigende Aufgabe angepasst.

Bei den verschiedenen Kasten der Blattschneiderameisen müssen wir zunächst zwischen Außen- und Innenarbeiterinnen unterscheiden. An vorderster Front bei den Außenarbeiterinnen stehen die Kundschafter oder Scouts, deren Job es ist, blattreiche Bäume oder Sträucher zu suchen. Haben die Scouts ein geeignetes Objekt gefunden, legen sie von dort sofort mithilfe von körpereigenen Duftstoffen, sogenannten Pheromonen, eine Duftspur zum heimischen Nest. Diese Spur führt dann zahlreiche andere Außenarbeiterinnen sicher zum Einsatzort nach. Dabei gilt: Je stärker die Duftspur, desto lohnender ist die Blattausbeute.

Als nächstes sind die sogenannten „Blattschneider" an der Reihe: große kräftige Ameisen, die mit ihren messerscharfen Kieferzangen das Blattwerk in halbkreisförmige Schnipsel zerteilen, die sofort an die „Transporteure" übergeben werden. Denen fällt dann die oft beschwerliche Aufgabe zu, die Blattstücke möglichst schnell ins heimische Nest zu transportieren. Bei den Transporteuren handelt es sich jedoch um äußerst leistungsfähige

Träger. Immerhin können die kleinen Ameisen Blattstückchen, die mehr als das Zehnfache des eigenen Körpergewichts wiegen, mühelos ins Nest schleppen. Wollte ein 80 Kilogramm schwerer Mensch eine vergleichbare Leistung erbringen, müsste er sich mindestens 800 Kilogramm auf den Rücken laden.

Um den Transport der gewaltigen Blattmengen, die ständig für die Pilzzucht benötigt werden, für die Transporteure zu erleichtern, legen die Ameisen in der näheren Umgebung des Nests oft regelrechte Straßen an. Diese Straßen können eine Länge von bis zu 800 Metern und immerhin auch eine Breite von bis zu 7 Zentimetern erreichen. Bei der Anlage dieser Verkehrswege passen sich die Ameisen den örtlichen Gegebenheiten an. So werden zum Beispiel Gräben mittels natürlicher Brücken überwunden und Straßen in Hanglage sorgfältig eingeebnet. Auch in die Instandhaltung der Straßen investieren die kleinen Insekten viel Zeit und Mühe: Einige Ameisen sind ständig damit beschäftigt, die Straßen von störendem Bewuchs freizuhalten.

Der Konvoi der Transporteure wird meist von mehreren Soldaten begleitet: riesigen Arbeiterinnen, die die Aufgabe haben, den Ameisenkonvoi vor Fressfeinden aller Art zu schützen. Allerdings können diese Soldaten die Transporteure nicht gegen Angriffe aus der Luft bewahren. Die dank schwerer Beladung ziemlich hilflosen Ameisen werden oft von Buckelfliegen angegriffen, deren vorrangiges Ziel es ist, ihre Eier in den Hinterleib der Ameisen zu stechen. Aber auch hier haben die Blattschneiderameisen vorgesorgt: Oben auf den Blättern reisen häufig winzige „Bodyguard-Ameisen" mit, die im Bedarfsfall gezielt Ameisensäure auf die feindlichen Buckelfliegen spritzen und so dafür sorgen, dass alle Ameisen des Konvois unbeschadet ins heimische Nest gelangen.

Sind die Außenarbeiterinnen mit ihrer Beute im Bau angekommen und haben die Blattschnipsel dort abgelegt, schlägt die Stunde der sogenannten Innenarbeiterinnen. Sie haben die Aufgabe, in regelrechter Fließbandarbeit die Blattstücke weiter zu zerkleinern. Dazu arbeiten die Innenarbeiterinnen, die es in verschiedenen Größenausführungen gibt, eng zusammen: Die größten Arbeiterinnen zerteilen die frisch eingetroffenen Blattschnipsel, um diese dann an kleinere Artgenossen zur Weiterverarbeitung weiterzureichen. Dabei gilt das Prinzip: Je kleiner die Blattstücke werden, desto kleiner werden auch die Innenarbeiterinnen, die sich um ihre Weiterverarbeitung kümmern. Zu guter Letzt vermischen die kleinsten Innenarbeiterinnen die mittlerweile winzigen Blattschnipsel mit ihrem Speichel, der diverse Verdauungsenzyme enthält, und zerkauen anschließend die vorverdaute Masse zu einem homogenen Blattbrei, den sie anschließend zu den Pilzgärten bringen und auslegen. Hier warten schon die „Gärtnerinnen" auf die kostbare Fracht. Sie sind die zahlenmäßig größte, aber auch die mit Abstand körperlich kleinste Ameisenkaste: 300 Gärtnerinnen wiegen in etwa so viel wie ein einziger Soldat, also ein Mitglied der größten Ameisenkaste. Die Gärtnerinnen wiederum – der Name verrät es schon – sind für die Anlage der Pilzgärten verantwortlich. Dazu stecken die Miniaturameisen zunächst kleine Pilzfäden in das ausgebrachte Breisubstrat. Mit der Zeit bildet sich dann auf dem nährstoffreichen Substrat ein dichtes schimmelartiges Geflecht von Pilzfäden.

Mit der Anlage der Pilzgärten ist die Arbeit der kleinen Ameisen jedoch noch längst nicht beendet. Um eine gute Ernte zu erzielen, müssen die Gärtnerinnen viel Zeit und Mühe in die Kultivierung und Pflege der unterirdischen Pilzgärten investieren. So sind die Miniameisen zum Beispiel ständig damit beschäftigt, neue Pilzfäden in frisches Blattmaterial zu stecken, um auf diese Weise neue Kulturen zu erzeugen. Außerdem beißen sie mit ihren scharfen Kieferzangen regelmäßig die Enden der Pilzfäden ab. Damit verhindern sie die Ausbildung von Fruchtkörpern. Stattdessen bilden sich an den Fadenenden kleine knollenartige Verdickungen, die reich an Eiweiß sind und in der Wissenschaft „Ambrosia-Körperchen" oder „Kohlrabiköpfchen" genannt werden. Diese werden von den kleinen Innenarbeiterinnen abgeerntet und an die Larven bzw. die anderen Ameisen verfüttert.

Biologische Schädlingsbekämpfung

Aber die Pilzgärten der Blattschneiderameisen sind auch einer ständigen Bedrohung ausgesetzt. Mit den abgeschnittenen Blättern werden oft – natürlich unbeabsichtigt von den Transporteuren – auch die Sporen von Schadpilzen in die unterirdischen Plantagen eingeschleppt. Besonders häufig tritt hier ein winziger parasitärer Schadpilz namens *Escovopsis* in Erscheinung, der nach dem Auskeimen die Pilzgärten der Blattschneiderameisen innerhalb weniger Wochen komplett überwuchern und dadurch der gesamten Ameisenkolonie letztendlich ihre einzige Nahrungsgrundlage entziehen kann. Da heißt es für die Blattschneiderameisen, Gegenmaßnahmen zu ergreifen. Dabei kommt der sprichwörtliche Ameisenfleiß zum Tragen: Die in den Pilzgärten beschäftigten Ameisen patrouillieren ständig durch die Pilzgärten und überprüfen dabei durch sorgfältiges Abtasten mit ihren sensiblen Antennen, ob ihre Nahrungspilze bereits von Schadpilzen befallen sind. Entdecken die Kontrolleure eine infizierte Stelle, sammeln sie die „feindlichen" Sporen mit ihren Mundwerkzeugen auf und entsorgen sie sofort auf einer Müllhalde, die sich außerhalb des Nests befindet. In der Wissenschaft wird dieses Verhalten als „Ausmisten" bezeichnet.

Allerdings haben die Schadpilze offensichtlich im Laufe der Evolution eine Strategie entwickelt, die diese Säuberungsaktionen massiv behindert: Die Sporen besitzen mittlerweile eine extrem klebrige Oberfläche. Das erschwert es den Ameisen, sie aus dem Nest zu entfernen. Aber die Blattschneiderameisen haben noch eine weitere Bekämpfungsstrategie in petto: eine chemische Keule, mit der sie dem unerwünschten Schmarotzer massiv auf den Leib rücken können. Das Mittel der Wahl ist dabei erstaunlicherweise ein hochwirksames Antibiotikum. Denn auf der Körperoberfläche der kleinen Insekten wächst und gedeiht eine fadenförmige Bakteriengattung namens *Streptomyces*, die in der Lage ist, ein Antibiotikum namens Candicidin zu produzieren. Das wiederum hemmt das Wachstum des Schadpilzes massiv. Der Bakterienbesatz ist bei den diversen Ameisenkasten übrigens unterschiedlich ausgeprägt. Während bei Außenmitarbeiterinnen auf der Körperoberfläche kaum Bakterien zu finden sind, verfügt das Innenpersonal und hier speziell die Ameisen, die im Pilzgarten beschäftigt sind, stets zumindest über eine aus Bakterienfäden bestehende „Halskrause". Manche Innenarbeiterinnen sind sogar komplett von einem grau-weißen Bakterienpelz überwuchert.

Übrigens sind auch die Entsorgungsprobleme im Blattschneiderameisenstaat streng geregelt: Abfälle werden regelmäßig in einer Art Biotonne entsorgt. Etwas weiter entfernt gibt es sogar einen Friedhof für die im Bau verstorbenen Ameisen.

Der Ameisenwundverschluss

Einige Stämme der Ureinwohner Südamerikas setzen ab und zu auch Blattschneiderameisen für medizinische Zwecke ein. Sie benutzen die Insekten zum Verschließen von kleineren Wunden. Bei diesem „Naturwundverschluss" werden die scharfen Mundwerkzeuge von großen Mitgliedern der Soldatenkaste der Ameisen so an die Wundränder gesetzt, dass die Wunde durch den Biss der Ameisen geschlossen wird. Anschließend müssen nur noch die Körper der Krabbeltiere abgetrennt werden. Die „Ameisennaht" hält dann mehrere Tage.

Unterirdische Metropolen

Erst vor Kurzem gelang es einem brasilianischen Forscherteam mit einem raffinierten Trick, das ganze Ausmaß, aber auch die gesamte Komplexität eines Blattschneiderameisennests sichtbar zu machen. Die Wissenschaftler schütteten dazu eine Mischung aus Wasser und Zement in den Eingang des Nests und fertigten auf diese Weise einen perfekten Abdruck des unterirdischen Ameisenreichs an. Schon allein die Menge an Zement und die Menge Wasser – 8000 Liter bzw. 6 Tonnen –, die nötig waren, um einen kompletten Abdruck des Nests zu erhalten, deuteten auf einen erheblichen Nestumfang hin. Das in Zement gegossene Nest bestätigte diese Vermutung: Die Wissenschaftler waren auf eine riesige unterirdische Stadt gestoßen – bestehend aus einem wahren Labyrinth aus horizontal und vertikal angelegten Gängen und Tunneln, das sich über mehr als 60 Quadratmeter erstreckte und bis zu 8 Meter tief in die Erde führte. Die Stadt bestand aus nahezu 2000 unterirdischen Kammern unterschiedlichster Größe, von denen etwa ein Viertel zur Pilzzucht genutzt wurde. Ein raffiniertes System aus Kühltürmen, Windfängen und Kaminen sorgte für eine ausreichende Belüftung und eine zufriedenstellende Wärmeregulierung. Diese Stadt war schätzungsweise von acht Millionen Blattschneiderameisen bewohnt und braucht damit den Vergleich mit einer menschlichen Großstadt keineswegs zu scheuen.

In Erstaunen versetzte die Wissenschaftler auch die Menge an Erde, die die Ameisen im Laufe ihrer Grabtätigkeiten nach und nach an die Erdoberfläche transportiert und über dem Nest gelagert hatten. Als die Forscher diesen Erdaushub wogen, kamen sie auf ein Gesamtgewicht von unglaublichen 40 Tonnen.

Unterirdische Metropolen, extensive Landwirtschaft und zudem ein hoch entwickeltes Gesellschaftssystem, in dem eine ausgeklügelte Arbeitsteilung stattfindet: So wundert es nicht, dass die nahezu perfekte Sozialstruktur der Blattschneiderameisen von Wissenschaftlern gerne als „Superorganismus" bezeichnet wird.

Übrigens handelt es sich bei der Beziehung zwischen Blattschneiderameise und Pilz um eine echte Symbiose. Denn auch die Pilze profitieren von den Ameisen: Im Ameisenbau werden die Pilze nicht nur bei einem günstigen feuchtwarmen Klima ständig mit hochwertiger Nahrung versorgt, sondern auch vor Fressfeinden geschützt. Wissenschaftler haben anhand von in Bernstein eingeschlossenen Ameisen und mithilfe von Genanalysen herausgefunden, dass die Symbiose zwischen Pilz und Ameise schon mehr als 50 Millionen Jahre existiert. Der Pilz wurde allerdings im Laufe der Evolution bereits soweit domestiziert, dass er die Fähigkeit verloren hat, sich selbstständig mit Sporen zu vermehren. Die gegenseitige Abhängigkeit in dieser Symbiose ist mittlerweile so groß geworden, dass Ameisen und Pilze nicht mehr ohneeinander existieren können.

Ein neuer Staat entsteht

Im Mittelpunkt des Blattschneiderameisenstaats steht die Königin, die man so gut wie nie zu Gesicht bekommt, da sie tief versteckt im Bau lebt. Die einzige Aufgabe der Monarchin ist es, unentwegt Eier zu produzieren, aus denen sich zunächst die Larven und dann die verschiedenen Arbeiterinnen entwickeln. Da eine Königin bis zu 20 Jahre alt wird, kann sie im Laufe ihres langen Lebens auf mehr als 150 Millionen Nachkommen zurückblicken. Nachdem der Blattschneiderameisenstaat eine ausreichende Größe erreicht hat, produziert die Königin jährlich aber auch ein paar tausend junge Königinnen und Männchen, sogenannte Drohnen, die gemeinsam das Nest verlassen, um sich fortzupflanzen und anschließend ein neues Nest zu gründen. Auf dem sogenannten Hochzeitsflug paaren sich die geflügelten Jungköniginnen mit mehreren Männchen, deren Samen – das können bis zu 200 Millionen sein – sie zunächst in einer speziellen Spermatasche verstauen. Dadurch können die Spermien später einmal, eines nach dem anderen, zur Befruchtung der Eier abgegeben werden.

Hat die befruchtete Königin einen geeigneten Platz zur Gründung einer neuen Kolonie gefunden – offene Plätze mit schwach bewachsenen Böden und ohne Baumbestand werden bevorzugt – entledigt sie sich ihrer nunmehr überflüssigen Flügel und beginnt sofort mit den Nestbauarbeiten. Dazu legt sie zunächst einen senkrechten, rund 30 Zentimeter tiefen Gang an, dessen Ende sie zu einer tennisballgroßen Brutkammer erweitert. Hier legt die Königin ihre ersten befruchteten Eier ab, aus denen nur fünf Tage später die Larven schlüpfen: Sie bilden später die erste Arbeiterinnengeneration des neuen Staats.

Gleichzeitig legt die Königin aus Pilzhyphen, die sie in einer speziellen Mundtasche aus dem alten Nest mitgenommen hat, die ersten Pilzgärten an. Diese Pilzgärten düngt sie zunächst mit dem eigenen Kot. In dieser Phase verliert die Königin, die beim Eierlegen ausschließlich von ihren körpereigenen Reserven zehren kann, bis zu einem Drittel ihres Gewichts. Wenn die erste Arbeiterinnengeneration das Erwachsenenalter erreicht hat, wird es für die Königin deutlich leichter. Sie kann sich jetzt vollständig auf das Eierlegen konzentrieren, während die Arbeiterinnen nicht nur für ihre Nahrung sorgen, sondern sich auch um die Aufzucht der künftigen Generationen kümmern. Die meisten Koloniegründungen sind übrigens nicht von Erfolg gekrönt – nur 0,1 Prozent der neuen Königinnen überleben ihr erstes Jahr.

Im Gegensatz zur langlebigen Königin sterben die Männchen kurz nach der Befruchtung. Nachdem sie ihre Aufgabe, die Befruchtung der Königin, erledigt haben, sind die Ameisenherren im Ameisenstaat überflüssig geworden und nur noch eine ökonomische Belastung.

Kahlschlag in der Landwirtschaft

In der Landwirtschaft können Blattschneiderameisen große Schäden anrichten. Auf ihrer Suche nach „Düngemitteln" machen die schneidewütigen kleinen Ameisen auch vor Nutzbäumen wie Zitronenbäumen oder Kokospalmen, aber auch vor Getreidefeldern und Gemüsebeeten nicht halt. Das kann zu gewaltigen Verlusten führen: Eine Blattschneiderameisenkolonie von durchschnittlicher Größe erntet pro Tag rund 50 Kilogramm Laub. Das ist in etwa doppelt so viel, wie eine ausgewachsene Kuh pro Tag verzehrt. Auf ein Jahr hochgerechnet vernichtet damit eine Blattschneiderameisenkolonie über 35 Tonnen Grünzeug. Bei mehreren Blattschneiderameisenkolonien auf dem Grundstück kann das das Aus für ein Feld oder sogar eine Plantage bedeuten.

Die Schäden können teuer werden: Nach Schätzungen von Wissenschaftlern richten Blattschneiderameisen alleine im brasilianischen Bundesstaat Sao Paulo Jahr für Jahr einen Schaden von etwa 130 Millionen US-Dollar an. Auch in der Viehzucht sind Blattschneiderameisen nicht gerade gerne gesehen. Einige Arten der Gattung *Atta* nutzen bevorzugt die Pampa, die weiten Graslandschaften Uruguays, Brasiliens und Argentiniens, zur Ernte von Pflanzenmaterial. Sie verhindern damit, dass diese Weidelandschaften auch von Rinderherden genutzt werden können. Denn die kleinen Ameisen sind mit scharfen Dornen auf dem Rücken ausgestattet, was den Kühen beim Verzehr von derart „infiziertem" Gras auf den Magen schlägt. Deshalb meiden Rinder konsequent Weideflächen, die zum Einzugsgebiet von Blattschneiderameisen gehören.

Erschwerend kommt hinzu, dass Blattschneiderameisen durch die Anlage ihrer unteririschen Nestbauten häufig auch kleiner asphaltierte Straßen derart unterminieren, dass Schlaglöcher entstehen oder die gesamte Straßendecke weiträumig bricht. Weltweit, so schätzen Experten, liegen die durch Blattschneiderameisen verursachten Schäden wahrscheinlich bei mehreren Milliarden US-Dollar. Und es gibt wenig, was man gegen die schneidewütigen kleinen Insekten tun kann. Eine Bekämpfung mit herkömmlichen chemischen Bekämpfungsstoffen gestaltet sich wegen der versteckten Lebensweise schwierig. Mit Fraßködern, die bei der Bekämpfung von anderen Ameisenarten erfolgreich angewendet werden, kommt man bei Blattschneiderameisen nicht weiter, da sich die kleinen Insekten exklusiv von ihrem symbiontischen Pilz ernähren.

Aber Blattschneiderameisen sind keineswegs nur die üblen Schädlinge, als die sie gerne von erbosten Farmern dargestellt werden. Sie haben auch Positives zu bieten. Bei der Anlage ihrer gewaltigen unterirdischen Nestanlagen durchmischen die fleißigen Insekten beispielsweise kräftig das Erdreich, was nicht nur zu einer besseren Belüftung des Bodens führt, sondern auch für eine bessere Verteilung der Nährstoffe im Boden sorgt. Nach Ansicht von Experten lässt die Wühlarbeit der Ameisen den Boden des tropischen Regenwalds um das bis zu Zehnfache fruchtbarer werden.

Blattschneiderameisen beim Transport von „Düngemitteln".

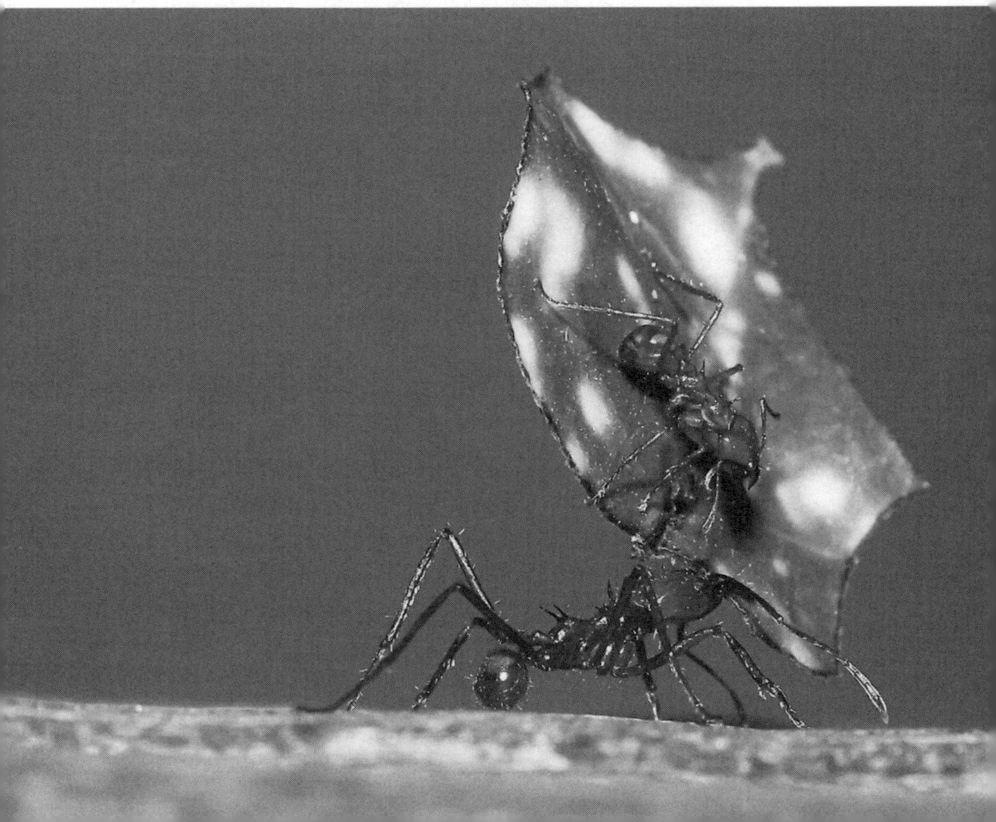

Ameisenschutztruppen

Nicht alle Bäume sind der Entlaubung durch Blattschneiderameisen schutzlos ausgeliefert. Die sogenannten Ameisenbäume können sich zum Beispiel dank einer ungewöhnlichen Symbiose sehr erfolgreich gegen die gefräßigen Ameisen zur Wehr setzen. Die Ameisenbäume haben sich überraschenderweise zum beiderseitigen Vorteil mit Ameisen zusammengetan und sind dazu übergegangen, sich eine eigene Ameisenschutztruppe zu halten. Bei den Leibwächtern handelt es sich um Ameisen der Gattung *Azteca* – winzige, nur drei Millimeter großen Ameisen, die zur Familie der sogenannten Drüsenameisen gehören.

Um die deutlich größeren Blattschneiderameisen überwältigen zu können, operieren die Azteca-Ameisen mit einem äußerst raffinierten, selbstgebastelten System von Trittfallen. Dazu überziehen die winzigen sechsbeinigen Bodyguards zunächst die Zweige ihrer Gastbäume mit einem aus einer Art Pappmaschee bestehenden Röhrensystem. Die Röhren selbst werden von den Ameisen in regelmäßigen Abständen mit vielen kleinen Löchern versehen. In diesen durchlöcherten Röhren lauern die kleinen Ameisen dann, gut geschützt vor den körperlich weit überlegenen Blattschneider-

Ein perfektes Sechseck

Bei Bienen dreht sich alles um die Wabe. Ob die fleißigen Honigsammlerinnen in Baumhöhlen oder in von Imkern geschaffenen Behausungen, sogenannten Bienenstöcken, residieren – in den Waben spielt sich das gesamte häusliche Leben der Bienen ab. Die Wachswaben, die aus vielen hundert perfekt gleichmäßigen

ameisen, geduldig auf ihr Opfer – fast immer mit großem Erfolg. Tritt eine Blattschneiderameise in eines der Löcher, verbeißen sich die im Hinterhalt lauernden Azteca-Ameisen sofort mit ihren Mundwerkzeugen im Fuß ihres Opfers und verhindern so, dass die Blattschneiderameise ihr Bein wieder aus der engen Öffnung ziehen kann. Beim verzweifelten Versuch, sich freizustrampeln, tappt die Blattschneiderameise mit ihren anderen Beinen meist in die nächsten Löcher und wird dort ebenfalls von weiteren Angreifern regelrecht festgezurrt. Kann sich die so fixierte Ameise überhaupt nicht mehr bewegen, verlassen mehrere Azteca-Ameisen die schützende Röhre und töten ihren deutlich größeren, aber jetzt völlig wehrlosen Gegner mit gezielten Bissen.

Das Ganze ist, wie jede Symbiose, ein Geschäft auf Gegenseitigkeit. Zur Belohnung für ihre schützende Tätigkeit revanchieren sich die Bäume bei ihren Bodyguards, indem sie ihnen Unterschlupf in Form von speziellen Hohlräumen in Stamm und Ästen bieten, die die Ameisen als gut geschützte Nistplätze nutzen können. Außerdem bilden die Bäume extra für die kleinen Insekten an der Blattbasis kleine eiweiß- und fettreiche Futterkörperchen, die sogenannten „Müller'schen Körperchen". Diese sind eine überaus willkommene zusätzliche Nahrungsquelle für die immer hungrigen Ameisen.

sechseckigen Einzelzellen bestehen, sind für die emsigen Insekten Wohnraum Kinderstube, Schlafzimmer und Vorratskammer zugleich.

Das ist soweit nicht ungewöhnlich. Eine ähnliche Wohnraumnutzung finden wir auch bei anderen sozialen Insekten. Außergewöhnlich ist aber, im Vergleich zu den meisten anderen tierischen Baumeistern, die Tatsache, dass Bienen beim Bau ihrer

Behausung nicht auf „Fremdmaterial" angewiesen sind, sondern ihre Bausubstanz aus körpereigenen Produkten selbst herstellen können. Die fleißigen Arbeitsbienen sammeln das Wachs zum Bau ihrer Waben nicht, wie früher vermutet, beim Besuch ihrer „Nektarpflanzen" ein, sondern schwitzen es in Form von winzigen Wachsschüppchen aus speziellen Wachsdrüsen aus, die sich im hinteren Bereich der Bauchseite befinden. Die ausgeschwitzten Wachsschuppen werden von den Arbeiterinnen dann mit den Mundwerkzeugen rund vier Minuten kräftig durchgeknetet und dabei mit Speichelsekret vermischt – schon ist der körpereigene Baustoff Wachs einsatzbereit.

Aber kein Output ohne Input: Um erfolgreich Wachs zu produzieren, müssen die Arbeitsbienen zuvor auch reichlich Nahrung, sprich Honig, zu sich genommen haben. Experten haben errechnet, dass es zur Herstellung eines einzigen Kilogramms Wachses immerhin der Energie von rund sechs Kilogramm Honig bedarf.

Am leistungsfähigsten sind die Wachsdrüsen bei den sogenannten „Baubienen". Diesen Status erreicht eine Arbeiterin in der Regel zwischen ihrem 12. und 18. Lebenstag. Allerdings erweisen sich Bienenvölker in Sachen Wachsproduktion als äußerst flexibel: Herrscht einmal ein derartiger Mangel an Baubienen im Stock, dass eine ausreichende Wabenproduktion gefährdet scheint, aktivieren die älteren Arbeitsbienen erneut ihre Wachsdrüsen. Und damit man einmal eine Größenvorstellung hat: Ein einziges Wachsplättchen bringt gerade 0,8 Milligramm auf die Waage. Um 100 Gramm Wachs zu produzieren, sind daher rund 125 000 Wachsplättchen notwendig. Insgesamt werden bei einem Bienenvolk mittlerer Größe rund 100 000 Wabenzellen angelegt.

Auf den ersten Blick erscheinen uns die berühmten Bienenwaben als wahres Wunder der Baukunst: Handelt es sich bei jeder

Im Bienenleben dreht sich fast alles
um die Wabe.

Zelle der Waben doch um ein makelloses Sechseck. Alle Winkel zwischen den Zellwänden betragen genau 120 Grad. Die Wände selbst sind dabei exakt 0,07 Millimeter dick. Dazu kommt noch, dass alle Waben genau senkrecht im Stock hängen und dass die Bienen bezüglich sparsamen Materialverbrauch mit den sechseckigen Zellen ihrer Waben die optimale Form gefunden haben. Bei der „Sechseck-Grundanordnung" der Waben handelt es sich um eine äußerst ökonomische Bauweise, fast könnte man sagen, um einen architektonischen Minimalismus. Unter allen „Parkettierungen" – so wird in der Mathematik die lückenlose und überlappungsfreie Überdeckung einer Ebene durch gleichförmige Teilflächen bezeichnet – besitzt ein Sechseck bei gegebenem Flächeninhalt den geringsten Umfang. So hat ein Sechseck etwa im Vergleich zu einem Quadrat bei gleichem Flächeninhalt einen fast zehn Prozent kleineren Umfang. In die Praxis übersetzt heißt das, dass die Bienen durch ihre Bauweise lediglich ein Minimum an Wachs benötigen, dessen Herstellung ja äußerst energieaufwendig ist.

Da stellt sich die Frage, wie die Bienen diese geometrische Perfektion ihrer Bauwerke erreichen? Können die Wabenbauerinnen tatsächlich mit ihrem nur stecknadelkopfgroßen Gehirn diese optimale mathematische Anordnung berechnen und wenn ja, wie setzen sie ihre Berechnungen um? Diese Fragestellung beschäftigte in der Vergangenheit ganze Generationen von Wissenschaftlern. Angeblich haben sich in der Vergangenheit sogar die beiden Universalgenies Galileo Galilei und Johannes Kepler mit dem Wabenrätsel beschäftigt und haben unabhängig voneinander die gleiche Vermutung geäußert: Bienen müssen über einen mathematischen Verstand verfügen.

Aber auch Universalgenies können sich irren. Vor Kurzem konnte ein deutsch-südafrikanisches Forscherteam unter der Leitung des Würzburger Zoologen Jürgen Tautz das „Rätsel der perfekten Wabe" entschlüsseln: Nicht ein mathematischer Sachverstand der Bienen, sondern die physikalischen Eigenschaften des Wachses selbst sind es, die – mit ein bisschen Nachhilfe der Bienen – letztendlich für die perfekten Sechsecke der Wabenzellen sorgen. Die frisch gebauten Zellen der Waben sind nicht sechseckig, sondern haben zunächst eine runde Grundform. Während ihrer Bautätigkeit erhitzen die Bienen jedoch mithilfe ihrer Körperwärme das Wachs auf etwa 40 Grad Celsius. Durch die so entstandene Wärme verflüssigt sich das Wachs und nimmt automatisch die energetisch günstige Form ein – die eines Sechsecks.

Voraussetzung hierfür ist, dass Bienen ihre aktuelle Temperatur exakt messen können. Dafür besitzen die Honigsammlerinnen an ihren Antennen enorm empfindliche Sinnesorgane, mithilfe derer sie selbst kleinste Temperaturunterschiede registrieren können. Die große Bedeutung dieser Wärmefühler kann man mit einem einfachen Experiment demonstrieren: Amputiert man die Fühler einer Baubiene, ist sie anschließend nicht mehr in der Lage, makellose Wabenzellen zu produzieren.

Bienen können übrigens ihre Körpertemperatur erstaunlich gut regulieren. Durch schieres Muskelzittern können sie Körpertemperaturen von bis zu 43 Grad Celsius erreichen. Dass eine „Sechseckproduktion" auch ohne Bienen funktionieren kann, lässt sich im Versuch relativ einfach zeigen: Bringt man im Labor viele runde Zylinder mit einer dünnen Wachswand in Kontakt miteinander und erwärmt sie dabei auf rund 40 Grad Celsius, entstehen ganz von selbst aus den zunächst runden Röhren innerhalb kürzester Zeit Prismen oder, anders formuliert, Zylinder mit einer sechseckigen Grundform. Im Prinzip nutzen die Bienen also lediglich die physikalischen Eigenschaften ihrer Bausubstanz.

Übrigens handelt es sich bei den Waben um regelrechte Maßanfertigungen. Waben, die von der Königin mit befruchteten Eiern bestückt wurden und in denen später einmal weibliche Tiere heranwachsen sollen, werden von den Arbeiterinnen mit einem Durchmesser von 5,2 bis 5,4 Millimeter angelegt. Aber wie schaffen das die Bienen ohne Lineal und Zirkel? Sie benutzen den eigenen Körper als Schablone. Sollen allerdings einmal Drohnen, also Männchen, für die Fortpflanzung benötigt werden, ändern die Arbeiterinnen den Durchmesser der Zellen automatisch auf 6,2 bis 6,4 Millimeter. Diese Zellen werden dann von der Bienenkönigin mit unbefruchteten Eiern bestückt. Wie die Arbeitsbienen das ohne „Körperschablone" so exakt produzieren können, hat die Wissenschaft bisher noch nicht herausgefunden.

Auch Bienenwaben halten nicht ewig. Wenn die Zellen der Waben nach einigen Jahren intensiver Nutzung deutliche Gebrauchsspuren zeigen, werden sie von den Baubienen abgenagt und durch funkelnagelneue Zellen ersetzt. Zum Abdichten von Spalten, Ritzen und Rissen setzen die Bienen dagegen eine Substanz namens Propolis als Kittharz ein. Die harzähnliche Masse wird von den Bienen aus der Rinde bzw. den Knospen diverser Pflanzen hergestellt. Neben seiner Eignung als „Dichtungsmasse" verfügt Propolis noch über eine ganze Reihe weiterer nützlicher Eigenschaften: Die Kittsubstanz hat nachgewiesenermaßen auch eine antibiotische, eine antivirale und eine antimykotische Wirkung. Dadurch werden Krankheitserreger wie Bakterien, Viren und Pilze, die unbeabsichtigt von den Pollensammlerinnen in den Stock eingeschleppt wurden, in ihrer Entwicklung gehemmt bzw. abgetötet. Diese Wirkung von Propolis machen wir Menschen uns auch in der Naturheilkunde zunutze, um damit beispielsweise Entzündungen zu behandeln.

Der Käferknast

Manchmal bauen Bienen auch Gefängnisse – aber nicht, damit straffällig gewordene Artgenossinnen dort ihre Strafe abbrummen können, sondern um dadurch einen ihrer gefährlichsten Feinde aus dem Verkehr zu ziehen: den Kleinen Beutenkäfer. Dieser aus Afrika eingeschleppte Käfer gehört in Nordamerika zu den gefürchtetsten Bienenparasiten überhaupt, da seine gefräßigen Larven nicht nur Honig und Pollen, sondern auch die Brut der Bienen auffressen. Die Beutenkäfer dringen dazu heimlich in Bienenstöcke ein und legen dort bis zu 200 Eier in kleine Ritzen und Spalten des Stocks, aus denen nach wenigen Tagen die gefräßigen Larven schlüpfen. Ein Massenbefall mit Beutenkäfern kann innerhalb weniger Wochen das Ende eines Bienenvolks bedeuten.

Volkswirtschaftlich gesehen kann ein Beutenkäferbefall richtig teuer werden. In den USA sorgt der Beutenkäfer bei den amerikanischen Imkern Jahr für Jahr für Einnahmeeinbußen in Millionenhöhe. Darüber hinaus, so haben Experten errechnet, sorgt die durch die Aktivitäten des Beutenkäfers deutlich reduzierte Bestäubungstätigkeit der Bienen in der US-Landwirtschaft jährlich für Verluste in Höhe von etwa 14 Milliarden Dollar.

Normalerweise können Bienen gegen die unerwünschten Gäste nur wenig ausrichten, obwohl sie ihnen rein körperlich weit unterlegen sind. Bei Gefahr versteckt der Käfer Kopf und Gliedmaßen unter seinem Chitinschutzpanzer. Der ist so stark, dass die Bienen ihn weder mit ihren Mundwerkzeugen noch ihrem Stachel durchdringen können. Wenn die erbosten Honigsammlerinnen einen der Eindringlinge durch körperliche Gewalt aus ihrem Zuhause vertreiben wollen, kriecht der einfach in kleine Nischen und Ritzen des Bienenstocks, wo die deutlich größeren Bienen ihn nicht erreichen können.

Während die nordamerikanischen Bienen dem Käfer relativ hilflos gegenüberstehen, haben die Bienen seiner Heimat Südafrika ein effizientes Abwehrsystem entwickelt: Sie stecken die unerwünschten Eindringlinge einfach in den Knast. Das Prozedere bei der Einkerkerung der Käfer, die gerade einmal halb so groß sind wie eine Biene, ist dabei relativ einfach. Einige der Honigsammlerinnen halten den Eindringling so lange in Schach, bis schnell herbeigerufene Artgenossinnen um den Käfer herum ein „Wabengefängnis" aus Kittharz aufgebaut haben. Dabei ist Geduld und Ausdauer angesagt. Der Zellenbau kann bis zu vier Tage lang dauern. Anschließend verhindern sogenannte „Wächterbienen", dass die Käfer aus ihrem Gefängnis ausbrechen können. Es sind Fälle bekannt, in denen Forscher Bienenstöcke mit über 200 eingekerkerten Käfern gefunden haben. Die Kerkerhaft der Käfer kann sich über einige Monate hinziehen.

Toilettenflug

Bienen halten ihren Stock stets peinlich sauber. Nur so können sie verhindern, dass sich gefährliche Keime ausbreiten und Brut sowie Vorräte möglicherweise großen Schaden nehmen. Zu den strengen Hygienemaßnamen gehört auch, dass die Darmentleerung bei den Honigsammlerinnen selbstverständlich außerhalb des Stocks erfolgt. Das klappt sehr gut im Frühling und im Sommer. Im Winter allerdings, wenn die Bienen ihren Stock wegen der draußen herrschenden kalten Temperaturen nicht verlassen können, wird das „Auf-die-Toilette-Gehen" für die Bienen zum Problem. Aber auch hier hat sich Mutter Natur eine Lösung einfallen lassen: Während der Winterzeit ist der Stoffwechsel der Bienen stark reduziert, sodass nur wenig Kot anfällt, der im Darm gespeichert wird.

Am ersten warmen Frühlingstag, wenn die Temperaturen die Zwölf-Grad-Celsius-Marke übersteigen, ist es dann soweit: Es kommt zum sogenannten „Toilettenflug" und alle Bienen des Staats fliegen gemeinsam aus, um endlich ihren Darm entleeren zu können. Dies geschieht immer in unmittelbarer Nähe des Stocks. Die Toilettenflüge stoßen bei den Nachbarn der Imker nicht gerade auf Gegenliebe. Und da unglücklicherweise Bienen von hellen Flächen geradezu magisch angezogen werden, wird bei der gemeinsamen Darmentleerung der Tiere so manches frisch gewaschene Auto mit „gelben Pünktchen" gesprenkelt.

Doch wie halten das die Gefangenen aus, ohne zu verhungern oder zu verdursten? Südafrikanische Wissenschaftler konnten vor Kurzem dieses Rätsel mithilfe von im Bienenstock installierten Videokameras lösen. Die Käfer sind offensichtlich in der Lage, die Sprache ihrer Kerkermeister zu erlernen. Ähnlich wie dies hungrige Bienen tun, die Artgenossinnen um Futter bitten, betrommeln die gepanzerten Gefängnisinsassen mit ihren Antennen die Gesichter ihrer Wärter. Erstaunlicherweise hatten die Käfer mit ihrer artfremden Bettelei meist Erfolg: Die derart angeschnorrten Bienen würgten brav einen Tropfen Futterhonig hervor, den sie ihren Erzfeinden regelrecht verabreichten.

Es kommt übrigens auch häufiger vor, dass die Käfer heimlich die Mauern ihrer Zelle aufbrechen und dadurch aus dem Gefängnis fliehen können. Dies gelingt den sechsbeinigen Gefängnisinsassen vor allem nachts, wenn die Wachsamkeit der tagaktiven Wächterbienen naturgemäß etwas nachlässt. Für die Bienen sind diese Gefangenenausbrüche jedoch keine Katastrophe mit endgültigem Charakter. Durch das zeitweilige Einkerkern ihrer Feinde haben die Bienen schon wertvolle Zeit gewonnen, um ihren Stock an einen anderen Ort zu verlegen, den die Beutenkäfer noch nicht ausfindig gemacht haben.

Mit Papier und Spucke

„Sieben Hornissenstiche töten ein Pferd, drei einen Menschen." So heißt es zumindest im Volksmund. In Wirklichkeit sind Hornissen allerdings weit weniger gefährlich, als uns das ihr schlechter Ruf weismachen will. Richtig ist, dass Hornissen zwar einen deutlich größeren Stachel als Bienen oder Wespen besitzen und auch über eine größere Menge an Gift verfügen. Richtig ist aber auch, dass dieses Gift eine deutlich geringere Toxizität hat als etwa Bienen- oder Wespengift.

Anders als oft behauptet wird, sind die größten europäischen Faltenwespen im Grunde ihres Herzens nicht sonderlich aggressiv. Ganz im Gegenteil: Hornissen sind relativ friedliche Tiere. Lediglich wenn es darum geht, ihr Nest zu schützen, verstehen Hornissen keinen Spaß und stechen zu. Der Mythos von der Gefährlichkeit eines Hornissenstichs kommt wahrscheinlich vom dem heftigen Schmerz, den ein solcher Stich mit sich bringt. Denn ein Hornissenstachel kann dank seiner Länge in tiefere und auch empfindsamere Hautschichten vordringen als der deutlich kürzere Stachel einer Wespe. Allerdings ist dies kein Grund zur Beunruhigung: Wissenschaftler haben ausgerechnet, dass ein gesunder Mensch rund 1000-mal von einer Hornisse gestochen werden müsste, um wirklich ernsthaft Schaden zu nehmen. In der Praxis ist dies jedoch noch nie vorgekommen. Lediglich Menschen, die unter einer Insektengiftallergie leiden, sollten sich vor dem Stich der großen Insekten vorsehen. Dies ist aber nur bei zwei bis drei Prozent der Bevölkerung der Fall. Letztendlich bleibt also so gut wie nichts vom Mythos der Killerhornisse übrig. Lediglich der unsterbliche Loriot hatte mal wieder recht, als er feststellte: „Wussten sie schon, dass der Biss eines einzigen Pferdes genügt, um eine Hornisse zu töten?"

Wesentlich interessanter und auch spannender als ihre vermeintliche Gefährlichkeit ist der Nestbau der Hornissen, der zu Beginn allein in den Händen der Hornissenkönigin liegt und viel Holz und noch mehr Spucke erfordert. Baubeginn ist stets im Mai. Dann erwacht eine im Jahr zuvor begattete Jungkönigin aus ihrem tiefen Winterschlaf, den die große Faltenwespe geschützt in einem Erdloch oder einem hohlen Baum gehalten hat. Die Königin ist nach der langen nahrungsfreien Winterzeit zunächst einmal sehr hungrig und stillt ihren größten Hunger zunächst mit dem Saft blutender Bäume. Zugleich macht sie aber auch Jagd auf Beuteinsekten, um die leeren Eiweißspeicher wieder aufzufüllen. Frisch gestärkt ist es jetzt die vordringlichste Aufgabe der Königin, einen geeigneten Nistplatz zu suchen. Hat

die Königin nach oft ziemlich ausgedehnten Erkundungsflü-
gen eine Baumhöhle oder einen anderen geeigneten Hohlraum
gefunden, der ihr für die Gründung eines Staats geeignet er-
scheint, wird sofort mit den entsprechenden Bauarbeiten begonnen: Zunächst stellt die Königin passendes Baumaterial her.
Dazu raspelt sie mithilfe ihrer kräftigen Kieferzangen von Ästen, Zweigen, aber auch Brettern kleine Holzsplitter ab, die sie
so lange mit ihrem Speichel vermischt, bis eine papierähnliche
Masse entstanden ist. Mithilfe der so produzierten Breiklümp-
chen heftet die Königin zunächst einmal einen kurzen Stiel an
die Decke ihrer Höhle, dessen anderes Ende sie dann zu den
beiden ersten, perfekt sechseckigen Wabenzellen ausformt.
Gleichzeitig beginnt die Königin damit, die Anfangswaben mit
einer kugelförmigen Schutzhülle zu versehen, die die Aufgabe
hat, die Brut vor der im Frühling noch oft herrschenden Kälte
zu schützen. An die ersten beiden Zellen baut die Königin dann
rund weitere 50 Zellen an, die sie anschließend mit jeweils
einem einzigen Ei bestückt. Aus den Eiern schlüpfen nach fünf
bis acht Tagen Larven, die sich nach einem kurzen Puppensta-
dium später zu nicht fortpflanzungsfähigen Arbeiterinnen entwickeln. Die Lebenserwartung der Arbeiterinnen ist mit maximal sechs Wochen relativ gering.

In dieser Anfangszeit ist die Hornissenkönigin voll ausgelastet.
Schließlich muss sie – als alleinerziehende Mutter – alle Tätigkeiten im werdenden Staat ohne jede Hilfe ausführen. Sie muss Eier
legen, den Nestbau fortführen und Nahrung beschaffen für die
hungrigen Larven. Sind aber die ersten Arbeiterinnen geschlüpft,
wird das Leben für die Königin deutlich leichter. Die Arbeiterinnen übernehmen jetzt alle anfallenden inner- und außerhäus-
lichen Arbeiten, während sich die Königin auf ihr Kerngeschäft
konzentrieren kann – Eier zu legen, um reichlich Nachwuchs zu
produzieren.

Manchmal ist die Wohnungsnot bei Hornissen jedoch so groß,
dass die Hornissenköniginnen im Frühjahr in Ermangelung einer

geeigneten Nisthöhle auch mit einem kleinen Vogelnistkasten vorlieb nehmen. Diese Wahl erweist sich jedoch langfristig gesehen als problematisch. Denn mit dem Heranwachsen des Hornissenstaats ist ein akuter Platzmangel vorprogrammiert: Der Nistkasten platzt bereits im Frühsommer, wenn der neugegründete Hornissenstaat auf rund 30 Tiere angewachsen ist, aus allen Nähten. Das wiederum bedeutet, dass sich die Hornissen eine neue, größere Unterkunft suchen müssen – ein Vorgang, der in der Wissenschaft als „Nestversetzung" oder „Filialbildung" bezeichnet wird. Dazu werden zunächst einmal sogenannte „Suchhornissen" losgeschickt, deren Aufgabe es ist, möglichst schnell eine geräumigere Bleibe aufzuspüren. Sind die Kundschafterinnen fündig geworden, beginnen die Arbeiterinnen sofort damit, parallel zum alten ein neues Nest, eine sogenannte „Filiale", aufzubauen. Diese befindet sich meist in unmittelbarer Nähe des Stammnests, kann aber auch mehrere hundert Meter entfernt sein. Zwischen Nest Nr. 1 und Nest Nr. 2 herrscht in dieser Zeit ein regelrechter Pendelverkehr. Ist Nest Nr. 2 dann bezugsfertig, verlagert auch die Königin ihren Wohnsitz in das neue Nest. Nach dem Umzug, der nach rund vier Wochen abgeschlossen ist, stirbt das Stammnest nach und nach aus. Schließlich herrscht hier keine Königin mehr, die für Nachwuchs sorgen könnte. Filialnester können übrigens genauso groß werden wie Nester mit einem „normalen" Werdegang.

Wird es im Sommer im Nest zu warm, betätigen sich die Arbeiterinnen als lebende Klimaanlage. Droht die Nesttempera-

Hornissennester werden
aus Holz und Spucke angefertigt.

tur über die für das Hornissenleben optimalen 30 Grad Celsius anzusteigen, benetzten die Arbeiterinnen zunächst die Oberfläche der Waben mit Wasser und bringen anschließend durch kräftiges Flügelschlagen diese vorher sorgfältig deponierten Wassertropfen zum Verdunsten. Durch die entstandene Verdunstungskälte wird das Nest deutlich heruntergekühlt. Aber auch für das Gegenteil ist vorgesorgt: Wird es im Hornissennest zu kalt, sorgen die Arbeiterinnen durch gemeinsames Muskelzittern schnell dafür, dass es im Nest wieder wohlig warm wird.

Erstaunlich ist auch die Tatsache, dass Hornissen nach wissenschaftlichen Erkenntnissen sehr selten schlafen. Nur in den frühen Morgenstunden kommt es im Hornissennest öfter zu einer Art gemeinschaftlichem Kurzzeittiefschlaf. Alle Bewohner des Nests – von der Königin bis hin zur rangniedrigsten Arbeiterin – kommen auf ein nicht sichtbares Signal hin zu einem kompletten Stillstand, der rund eine halbe Minute anhält. Danach geht der Staat auf ein erneutes Geheimzeichen hin wieder seiner normalen Tätigkeit nach. Dieser Vorgang kann sich in etwa 15-minütigen Abständen mehrfach wiederholen.

Ende August erreicht das Hornissenvolk seinen Entwicklungshöhepunkt. Bis zu 700 Arbeiterinnen bevölkern jetzt das Nest. Normalerweise bringen es Hornissennester zu diesem Zeitpunkt auf eine Größe von etwa 60 mal 25 Zentimeter. Es wurden jedoch auch schon Nester mit einer Gesamtlänge von bis zu 120 Zentimetern gefunden. Voraussetzung für derartige Gigantennester ist eine äußert leistungsfähige Königin.

Der Spätsommer ist aber auch der Zeitpunkt, ab dem die Königin keine Arbeiterinnen mehr produziert, sondern nur noch Eier legt, aus denen später entweder Jungköniginnen oder männliche Hornissen, die Drohnen, entstehen. Die Königin kann bei jedem einzelnen Ei genau steuern, ob sich später daraus ein Männchen oder ein Weibchen entwickelt. Die bereits im Vorjahr von mehreren Männchen begattete Königin lagert die Spermien ihrer

Liebhaber zunächst in einer speziellen Tasche ihres Geschlechts-apparats, dem sogenannten *Receptaculum seminis*, zwischen. Dank einer raffinierten Spezialmuskulatur kann die Königin bei der Eiablage entscheiden, ob sie einem Ei ein Spermium mit auf

Mauling

In einem Hornissenstaat herrscht eine strenge Hierarchie. Das kann je nach Stellung in dieser Hierarchie für die einzelnen Arbeiterinnen Vor- oder Nachteile bieten. So müssen offensichtlich ranghöhere Arbeiterinnen deutlich weniger arbeiten als solche, die sich am unteren Ende der Hornissenrangordnung befinden. Aber eine Hierarchie muss auch erst einmal etabliert werden. Dazu führen die Arbeiterinnen sogenannte „Kommentkämpfe" aus – innerartliche Kämpfe, bei denen die gegenseitigen Beschädigungen dank straffer Regeln auf ein Minimum reduziert werden. Im Fall der Hornissen beknabbern sich die Arbeiterinnen bei diesen Kämpfen so lange kräftig mit ihren Mundwerkzeugen, bis eine Siegerin bzw. eine Verliererin feststeht. Letztere gesteht dann ihre Niederlage durch eine Unterwürfigkeitsgeste ein. Dazu verfällt sie in eine Art Starre, bei der sie den Körper fest auf den Boden presst und Flügel und Beine eng an den Körper anlegt. Die Siegerin wiederum demonstriert ihre Überlegenheit dadurch, dass sie die Verliererin noch eine Weile mit Bissen in Kopf Brust und Hinterleib traktiert, sie jedoch nicht ernsthaft verletzt. In der englischsprachigen Fachliteratur wird dieses doch etwas eigenartige Verhalten als *mauling* (*to maul* bedeutet übel zu-richten, misshandeln) bezeichnet.

den Weg geben will oder nicht. Aus befruchteten Eiern entwickeln sich Arbeiterinnen bzw. Jungköniginnen. Aus unbefruchteten Eiern entstehen dagegen ausnahmslos Männchen. Mit dem Auftauchen der Jungköniginnen bzw. der Männchen wird auch das allmähliche Ende des gesamten Hornissenstaats eingeläutet: Die Arbeiterinnen kümmern sich jetzt nur noch um die Verpflegung der neu geschlüpften Geschlechtstiere und vernachlässigen immer mehr die Betreuung der Altkönigin. Diese verlässt dann das Nest und stirbt, erschöpft von einem nur einjährigen, aber sehr arbeitsintensiven Leben kurz darauf. An sonnigen Herbsttagen, meist im Oktober, kommt es dann zum Schwärmen der Geschlechtstiere, die sich in der Regel in unmittelbarer Nähe des Nests paaren. Die Jungköniginnen können dabei von mehreren Männchen nacheinander begattet werden. Den Männchen verbleibt, nachdem sie ihrer Pflicht, für Nachwuchs zu sorgen, nachgekommen sind, nur noch eine Lebenszeit von wenigen Wochen. Ähnliches gilt für die Arbeiterinnen, die meist Anfang November das Zeitliche segnen. Mit dem Tod der Arbeiterinnen ist das Leben im Nest völlig erloschen. Die begatteten Jungköniginnen suchen sich nun ein geeignetes Versteck im Boden oder in der Höhle zum Überwintern, um dann im nächsten Frühjahr einen neuen Staat zu gründen. Allerdings überstehen nur wenige Jungköniginnen den Winter, da Minustemperaturen, aber auch diverse Krankheiten oder Fressfeinde einen hohen Tribut fordern.

Bei uns in Deutschland gehört die Hornisse zu den gefährdeten Tierarten. Es war vor allem die erbarmungslose Verfolgung des vermeintlichen Killerinsekts durch den Menschen, die die Hornisse 1984 auf die Rote Liste der verfolgten Arten brachte. Heute ist es vor allem der Rückgang ihres Lebensraums, der den großen Wespen schwer zu schaffen macht. Viele Auwälder, alte Eichenbestände, aber auch Streuobstwiesen fielen oft Baumaßnahmen oder der sogenannten Flurbereinigung zum Opfer und wurden durch Monokulturen ersetzt. Da durch diese Maßnahmen natürliche Baumhöhlen zur Anlage eines Nests vielerorts selten geworden sind, sehen sich die Hornissen seit einigen Jahren vermehrt dazu gezwungen, Ersatzhöhlen zu suchen. Die finden sie bevorzugt im menschlichen Siedlungsbereich in alten Schuppen, Rollladenkästen, Holzverschalungen an Terrassen und Balkonen, auf Dachböden und sogar in Nistkästen. Bei einer derartigen Wohnungswahl sind die Konflikte mit den menschlichen Bewohnern vorprogrammiert. Allerdings gelten Hornissen nach der Bundesartenschutzverordnung als besonders geschützte Tiere. Das bedeutet, auch ihre Nester dürfen nicht zerstört und nur in Notfällen – beispielsweise bei einem Nest im Eingangsbereich eines Kindergartens – von speziell ausgebildeten Experten umgesiedelt werden.

Hornissenartillerie

Folgt man der amerikanischen Historikerin Adrienne Mayor, wurden bereits in der Antike äußerst wirksame Biowaffen eingesetzt. So sollen schon die alten Griechen zum Zwecke der Kriegsführung Hornissen in Tonkrügen angesiedelt haben, die sie dann später in der Schlacht mit Katapulten als eine Art „Bioartilleriegeschoss" in die gegnerischen Schlachtreihen schleuderten. Natürlich zerbrachen die tönernen Krüge beim Aufprall und die ob dieser Störung gründlich verärgerten Hornissen attackierten jeden Soldaten in unmittelbarer Nähe der Aufprallzone mit wütenden Stichen. Und wer von einem Schwarm angriffslustiger Hornissen verfolgt wird, hat keine große Lust mehr, eine Schlachtordnung einzuhalten, sondern tritt lieber die Flucht an.

Von lebenden Nestern und lebendigen Schiffen

Biwak mit Königin

Bei den Wanderameisen gilt „nomen est omen". Die Ameisen, die mit verschiedenen Arten in Afrika, Asien, Süd- und Mittelamerika zu Hause sind, haben keinen festen Wohnsitz, sondern befinden sich nahezu ihr ganzes Leben auf einer permanenten Wanderschaft, die in erster Linie der Nahrungssuche dient. Wird in einem Gebiet die Nahrung knapp, wandert die gesamte Ameisenkolonie zu einem neuen Standort weiter.

Bei ihren Beutezügen töten und verzehren die äußerst aggressiven Ameisen mithilfe ihrer überaus scharfen Kieferzangen dabei alles, was ihnen in die Quere kommt. Da die kleinen Insekten oft in Heeren von Millionenstärke auftreten, handelt es sich bei ihren Opfern nicht nur um andere Insekten oder kleine Wirbeltiere, sondern durchaus auch um Tiere von beachtlicher Größe. So wurde zum Beispiel vor einigen Jahren sogar ein angebundener Leopard von Wanderameisen innerhalb weniger Stunden bis auf die Knochen abgenagt. Der amerikanische Ameisenpapst Edward Wilson hat die kleinen räuberischen Insekten einmal sehr eindrücklich charakterisiert: „Wanderameisen sind wie ein einziges Tier mit Millionen von Mäulern und Stacheln – die fürchterlichste Erscheinung in der Welt der Insekten."

Neben der obligatorischen Königin setzt sich ein Wanderameisenvolk noch aus drei weiteren Kasten zusammen: Große und kleine Arbeiterinnen, die den Löwenanteil des Amazonenheers stellen und für die Nahrungsbeschaffung und die Aufzucht der Brut verantwortlich sind, sowie den Soldatinnen, deren Job es ist, Königin und Arbeiterinnen mit ihren mächtigen Kieferzangen zu beschützen. Einmal im Jahr – vornehmlich in der Trockenzeit – werden auch noch geflügelte Männchen produziert, deren Aufgabe es ist, die zukünftigen Königinnen der Nachbarstaaten zu befruchten und so für die Bildung neuer Kolonien zu sorgen.

Bei der äußerst mobilen Lebensweise der Wanderameisen ist es aus ökonomischen Gründen nicht gerade zweckmäßig, eine stationäre Unterkunft, etwa in Form eines Ameisenhaufens, zu errichten, wie dies unter anderen Ameisenarten üblich ist. Auf der anderen Seite benötigen Königin und Brut jedoch auch einen angemessenen Schutz. Für dieses Dilemma haben die Wanderameisen eine außergewöhnliche, aber ziemlich raffinierte Lösung gefunden: das sogenannte „Biwak". Beim Biwak handelt es sich um ein mobiles und vor allem auch durch und durch lebendiges Nest, das die Ameisen mithilfe ihrer eigenen Körpern bilden, indem sich mit ihren Beinen ineinander verhaken. So entsteht ein lebendiges Grundgerüst mit überaus lebendigen Wänden. Das lebende Biwak, das auf den ersten Blick wie ein unstrukturiertes Knäul aussieht, ist jedoch ein äußerst komplexes Gebilde, das in seinem Inneren nicht nur aus mehreren unterschiedlichen Kammern besteht, sondern auch von zahlreichen Gängen durchzogen ist. Tief im Inneren des Nests befinden sich gut geschützt die Königin und die Brut der Ameisen. Als nächste „Schicht" folgen die jüngeren Arbeiterinnen, während die Außenhülle von den älteren Arbeiterinnen gebildet wird. Wird das Biwak von Fressfeinden bedroht, taucht sofort eine größere Anzahl sogenannter Soldaten an der Nestoberfläche auf, die das Biwak mit Kieferzangen und Giftstachel energisch verteidigen.

Das Biwak kann dabei sowohl über der Erde, zum Beispiel an Bäumen, aber auch unterirdisch in Höhlen gebildet werden. Vom Biwak aus werden dann die berühmt-berüchtigten Raubzüge unternommen. Während der Wanderung wird das Biwak täglich an einem neuen Ort aufgeschlagen. In der sogenannten stationären Phase, wenn es zur Verpuppung der Larven kommt und dadurch nicht mehr so viele hungrige Mäuler zu stopfen sind, besteht das Biwak dagegen über mehrere Wochen hinweg.

Die Ameisen können auch die Temperatur und die Luftfeuchtigkeit ihres lebenden Nests selbst regeln. Wenn die Sonne zu stark auf das Biwak brennt und die hohen Temperaturen den Tieren zu schaffen machen, wandern die Ameisen nach und nach von der Sonnen- zur Schattenseite des Nests. Auf diese Weise wird das gesamte Biwak peu à peu aus der Sonne verlagert und kühlt sich wieder ab.

Biwaks sind aber nicht die einzigen lebendigen Bauwerke, die von Wanderameisen angelegt werden: Treffen Wanderameisen

Fliegende Baustellen

Bei der Wanderameisenart *Eciton burchellii* kann man gut beobachten, was Wissenschaftler als sogenannte „fliegende Baustellen" bezeichnen. Bei dieser Art, die sich in riesigen Heerscharen von bis zu 200 000 Individuen auf ihre berüchtigten Raubzüge begibt, ist Geschwindigkeit beim Nahrungstransport von entscheidender Bedeutung. Gilt es doch, die Beute möglichst schnell ins Biwak zu bringen, um dort die hungrigen Artgenossen ausreichend mit Nahrung zu versorgen. Je ebener die Transportstrecke ist, desto schneller kann die Beute transportiert werden. Deshalb stopfen einige der Ameisen „Schlaglöcher" auf dem Weg mit dem eigenen Körper, damit ihre beutetragenden Artgenossen auf der so geglätteten Straße schneller vorankommen. Ist ein Loch für eine einzige Ameise zu groß, schließen sich gleich mehrere Ameisen zusammen, um das Loch sozusagen im Verbund zu schließen. Wenn sie ihre Aufgabe erfüllt haben, krabbeln die kleinen „Lückenfüller" wieder aus den Löchern und folgen ihren Nestgenossen auf dem Weg nach Hause.

bei ihren Raubzügen auf einen Wasserlauf, bilden die räuberischen Miniinsekten „lebende Brücken": Eine Ameise hängt sich dazu mit den Fußklauen an die nächste, sodass die Kollegen nach vollendetem Brückenbau das Hindernis trockenen Fußes überqueren können.

Auch für uns Menschen können Wanderameisen zu einem durchaus schmerzhaften Ärgernis werden. Fühlt sich eine Marschkolonne der räuberischen Ameisen von einem Menschen bedroht, beißen vor allem die Soldaten mit ihren großen Kieferzangen sofort reihenweise zu, was sehr schmerzhaft ist. Horrorstorys, nach denen Wanderameisen schlafende Menschen angeblich mit Haut und Haaren verspeist haben, müssen allerdings ins Reich der Fabel verwiesen werden.

Ab und zu dringen Wanderameisen auf ihren gefürchteten Raubzügen auch in Häuser ein. Das klingt zunächst einmal schlimmer, als es tatsächlich ist. Den Bewohnern bleibt jedoch durch den relativ langsamen Vormarsch des Ameisenheers meist genügend Zeit, sich und ihre Haustiere in Sicherheit zu bringen. Außerdem hat die Invasion der gefräßigen Krabbeltiere noch einen nicht zu verachtenden Vorteil: Wenn die Ameisen nach wenigen Stunden das Haus wieder verlassen haben, gibt es dort keinen einzigen Schädling mehr. Die sind alle im Magen der Wanderameisen verschwunden.

Ein lebendes Rettungsfloß

Schon ein Blick auf die Statistik zeigt, dass Rote Feuerameisen zu den gefährlichsten Insekten der Vereinigten Staaten gehören. So werden laut Bericht des US-Gesundheitsministeriums in den USA jährlich rund 14 Millionen Menschen von Feuerameisen gestochen, von denen wiederum 80 000 einen Arzt aufsuchen müssen. Über 100 Menschen sterben an den Folgen der Stiche.

Dabei gehört die Rote Feuerameise noch nicht so lange zum
Arteninventar der Vereinigten Staaten. Ursprünglich in der Pan-
tenalregion in Brasilien zu Hause, sind wahrscheinlich Ende der
1930er-Jahre einige befruchtete Ameisenköniginnen der Roten
Feuerameise als „blinde Passagiere" mit dem Ballastsand eines
Frachtschiffs in die Vereinigten Staaten eingeschleppt worden.
Kaum waren die Einwanderer aus Südamerika an Land gegangen, begann sich die sehr aggressive Art hemmungslos auszubreiten. In einem unglaublichen Siegeszug durch die Südstaaten
der USA wurden andere Arten verdrängt, sodass die Feuerameise
in den neuen Gebieten schnell zur dominierenden Ameisenart
wurde. Ein Verhalten, das ihr auch ihren wissenschaftlichen Namen eineingebracht hat: *Solenopsis invicta* (die unbesiegte Feuerameise). Möglich macht diese bemerkenswerte Fähigkeit sich
auszubreiten, vor allem die überragende Überlebensfähigkeit der
kleinen Krabbler. So können selbst gewaltige Überflutungen den
nur sechs Millimeter großen Ameisen nichts anhaben. In diesem Fall bauen die Ameisen sich ein Floß ganz ohne Holz, Seile
oder Nägel – nur mit ihren eigenen Körper. Wie sie das genau
machen, haben vor Kurzem Wissenschaftler in Atlanta herausgefunden. Wird eine Feuerameisenkolonie bei einem Hochwasser
überflutet, reagieren die Ameisen nicht nur umgehend, sondern
auch äußerst zielorientiert: Innerhalb weniger Minuten verhakt
sich etwa die Hälfte der Kolonie mithilfe ihrer Kieferzangen und
den Klauen ihrer Beine zu einem pfannenkuchenförmigen Floß,
auf dem die andere Hälfte der Kolonie trockenen Fußes reisen
kann. Die Verknüpfung der Ameisen ist dabei äußerst stabil. Die
amerikanischen Wissenschaftler fanden heraus, dass im Floß jede
Ameise im Schnitt mit 5 Artgenossen an bis zu 21 Verknüpfungs-
stellen verzahnt ist. Messungen haben gezeigt, dass der Zusam-

Feuerameisen gehören zu den gefährlichsten Insekten Nordamerikas.

menhalt zwischen den einzelnen Ameisen des Floßes enorm ist. Wollte ein Mensch eine vergleichbare Leistung erbringen, müsste er in der Lage sein, mit seiner Haltekraft ein Gewicht von 30 Tonnen zu bewältigen. Das ist in etwa das Gewicht, das 6 ausgewachsene Elefanten auf die Waage bringen. Die Flöße können dabei eine beachtliche Größe erreichen. Lebende Flöße mit einem Durchmesser von über 40 Zentimetern sind keine Seltenheit.

Für die Schwimmfähigkeit des Floßes sind dabei gleich zwei Faktoren verantwortlich: Zum einen sammeln sich unter dem Floss reichlich Luftblasen, die nicht nur den untergetauchten Floßmitgliedern genügend Sauerstoff zum Atmen geben, sondern auch für reichlich Auftrieb sorgen. Zum anderen besteht der Panzer der Ameisen aus wasserabweisendem Chitin. Deshalb entsteht durch die enge Verflechtung der kleinen Insekten bei der Floßbildung eine Plattform, die derart wasserdicht ist, dass die Ameisen im oberen Floßbereich oft noch nicht einmal nasse Füße bekommen. Zudem sind die lebendigen Flöße auch ziemlich langlebig. Gut „gebaute" Flöße sind in der Lage, wochen-, wenn nicht sogar monatelang den Fluten zu trotzen.

Auch auf unliebsame Zwischenfälle können die Ameisen dank ihrer beeindruckenden Schwarmintelligenz schnell und tatkräftig reagieren. Werden einige Ameisen durch die Strömung von der Floßoberseite weggerissen, rücken in Windeseile Tiere von der Floßunterseite an ihre Stelle. Dadurch wird gewährleistet, dass die Stabilität des Floßes erhalten bleibt. Die Ameisen an der Unterseite des Floßes wissen demnach offensichtlich ziemlich genau, wie viele Tiere sich jeweils über ihnen befinden.

Das größte Bauwerk der Welt

„Neues Weltwunder", „größtes Aquarium der Welt", „Unterwasserwelt, die ihresgleichen sucht": Wenn vom Great Barrier Reef die Rede ist, wird fast nur in Superlativen gesprochen. Völlig zu recht – denn das Riff, das nordöstlich von Australien an der Ostküste des Bundesstaats Queensland liegt, hat wirklich Außergewöhnliches zu bieten: Mit einer Länge von über 2300 Kilometern ist das Great Barrier Reef nicht nur das größte Riff der Welt, sondern hat auch einen Anteil von immerhin zehn Prozent an allen Korallenriffen weltweit. Beim Riff handelt es sich jedoch nicht, wie oft angenommen, um ein einziges gigantischer Riff, sondern um eine Kette bestehend aus 2900 Einzelriffen. Dazu kommen noch fast 1000 Inseln.

An seiner breitesten Stelle ist das Riff rund 370 Kilometer breit und selbst an seiner schmalsten Stelle beträgt die Breite immer noch stolze 40 Kilometer. Zur Küste hin, auf der sogenannten Inner-Reef-Seite, ist das Riff durch eine von kleineren Riffen und Korallenbänken durchzogene, maximal 100 Meter tiefe Lagune getrennt. Am Outer-Reef, der vom Festland abgewandten Seite, fällt das Riff dagegen oft nahezu senkrecht zum fast 2000 Meter tiefen Meeresboden ab. Die Gesamtfläche des Riffs beträgt unglaubliche 345 000 Quadratkilometer. Das entspricht ziemlich genau der Größe der Bundesrepublik Deutschland – oder etwa 70 Millionen Fußballfeldern. Mit diesem gewaltigen Umfang ist das Great Barrier Reef die größte von Lebewesen erschaffene Struktur der Erde. Eine Struktur, die sogar mit bloßem Auge vom Mond aus gesehen werden kann.

Aber das Riff, das vom berühmten Weltumsegler und Entdecker James Cook auf seiner ersten Südseereise am 11. Juni 1770 entdeckt wurde, hat nicht nur seine gewaltige Größe zu bieten, sondern auch eine Unterwasserfauna, die weltweit ihresgleichen sucht. Um nur ein paar Zahlen zu nennen: Allein über 30 verschiedene Delfin- und Walarten, darunter Mink- und Buckelwale, werden regelmäßig im Riffbereich gesichtet. Große Populationen des seltenen und vom Aussterben bedrohten Dugongs leben hier. Das Riff ist aber auch Lebensraum für 6 Meeresschildkrötenarten und 17 verschiedene Seeschlangenarten.

Dazu kommen noch über 1500 verschiedene Fischarten, 400 Korallenarten, 5000 Weichtierarten, 1500 Schwammarten und rund 800 verschiedene Stachelhäuterarten, zu denen bekanntermaßen Seeigel, Seesterne und Seegurken gehören. Aber auch über 500 verschiedene Seetangarten sind hier heimisch. Zählt man zur Fauna und Flora des Riffs noch die Klein- und Kleinstlebewesen dazu, kommt man auf rund 60 000 unterschiedliche Arten, die man bisher im Great Barrier Reef nachgewiesen hat. Die Wissenschaft geht allerdings davon aus, dass wahrscheinlich noch weitere mehrere hunderttausend Arten im Riff leben, die bisher noch nicht entdeckt worden sind. Diese Zahlen belegen, dass das Great Barrier Reef, zusammen mit dem tropischen Regenwald, die Region mit dem größten Artenreichtum der Welt ist. Daher wundert es nicht, dass das größte Riff der Welt 1981 von der UNESCO zum Weltkulturerbe ernannt wurde und auch seit einiger Zeit – wie auch die Galapagosinseln oder der Grand Canyon – zu den sieben „Weltwundern der Natur" gehört. Das Great Barrier Reef ist aber auch ein Touristenmagnet: Bis zu zwei Millionen Urlauber besuchen pro Jahr das gigantische Riffsystem.

Billionen winziger Baumeister

Aber wer oder was waren die Baumeister des Great Barrier Reefs? Erstaunlicherweise verdankt das größte Riff der Welt seine Existenz ausgerechnet Billionen und Aberbillionen winziger Lebewesen, die kaum größer sind als ein Stecknadelkopf und daher mit bloßem Auge kaum zu erkennen sind: Steinkorallenpolypen – wirbellose Organismen mit einem primitiven Bauplan. Beine oder Flossen suchen wir bei Polypen vergebens: Der plumpe, sackförmige Körper der Tiere, der innen hohl ist, ist mit einer Fußscheibe am Untergrund festgewachsen. Die große Mundöffnung im Zentrum der Oberseite ist von einem Ring aus langen, mit Nesselzellen ausgestatteten Fangtentakeln umgeben, die für den Nahrungserwerb der Polypen verantwortlich sind. Im Gegensatz zu den nahe verwandten Quallen und Seenanemonen, die ebenfalls zur Gruppe der sogenannten Nesseltiere gehören, weisen Steinkorallen jedoch eine entscheidende Besonderheit auf: Die Miniwesen, die in riesigen Kolonien leben, sind in der Lage, zwei im Meerwasser gelöste Substanzen, Kalzium und Kohlendioxid, aufzunehmen und anschließend in Kalk umzuwandeln – den Grundbaustoff eines jeden Korallenriffs. Aus dem selbstproduzierten Kalk bilden die Polypen becherförmige Gehäuse, die ihnen als schützende Wohnhöhle dienen. Da die Kalkgehäuse übereinander gebaut werden, entstehen mit der Zeit riesige Kolonien, die letztendlich das Skelett des Riffs bilden. Wie das im Detail funktioniert, ist aber noch nicht vollständig geklärt.

Die Riffkorallen wurden von der zeitgenössischen Wissenschaft zum einen wegen ihrer festsitzenden Lebensweise, aber auch wegen ihrer oft leuchtend bunten Farben, die einen Betrachter nicht nur auf den ersten Blick an die Blütenfarben landlebender Pflanzen erinnern, bis weit ins 18. Jahrhundert noch den Pflanzen zugeordnet. Erst im Jahr 1723 erkannte der französische Naturwissenschaftler Jean-Andre Peyssonel anhand von Aquarienuntersuchungen, dass es sich bei den Miniaturlebewesen zweifelsfrei um Tiere und nicht um marine Pflanzen handeln musste.

Korallen sind jedoch äußerst sensible Lebewesen. Damit sich die Miniaturbaumeister wohlfühlen und Riffe bauen bzw. überhaupt existieren können, müssen eine Reihe von Lebensbedingungen erfüllt werden. So reagieren Korallenpolypen ausgesprochen empfindsam auf Veränderungen der Wassertemperatur. Fällt diese längere Zeit unter die 20-Grad-Celsius-Marke, bedeutet das das Aus für tropische Korallen. Wichtig ist auch eine stabile Salzkonzentration des Meeres, die zwischen 27 und 38 Promille liegen sollte. Dazu kommt noch, dass tropische Korallenriffe nur in klarem, oberflächennahem und lichtdurchflutetem Wasser existieren können. Möglich ist maximal eine Tiefe von fünfzig Metern. Weiter unten dringt das Sonnenlicht nicht in die Tiefe des

Ozeans vor. Und dieses Sonnenlicht brauchen wiederum winzige Algen für ihr Überleben, die sogenannten Zooxanthellen. Diese einzelligen Algen, die in der Außenhaut der Korallen angesiedelt sind, leben mit ihren „Vermietern" in einer engen Symbiose, einer biologischen Zweckgemeinschaft, die beiden Partnern deutliche Vorteile bringt: Die Zooxanthellen genießen in den Korallenzellen einen deutlich besseren Schutz vor Fressfeinden als im freien Wasser. Zudem erhalten die Miniaturalgen auch noch wichtige anorganische Nährstoffe wie Phosphat, Stickstoff und Kohlendioxid. Diese Substanzen liegen in den Korallenzellen in deutlich höherer Konzentration vor als im umgebenden Meereswasser.

Die Zooxanthellen können wiederum mit dem Wasser und dem Kohlendioxid, das der Polyp ausscheidet, Photosynthese betreiben. Bei diesem chemischen Prozess, den wir auch von unseren Landpflanzen kennen, entstehen mithilfe der Energie des Sonnenlichts Sauerstoff und Zucker. Beides stellen die Algen im Gegenzug – zumindest teilweise – den Korallen zur Verfügung, die damit einen erheblichen Anteil ihres Stoffwechsels abdecken. Außerdem wird durch den Verbrauch des Kohlendioxids bei der Photosynthese die Kalkbildung der Korallenpolypen und damit das Wachstum des Riffs beschleunigt.

Wissenschaftler haben herausgefunden, dass Korallen, die in Symbiose mit Zooxanthellen leben, eine rund zehnmal höhere Kalkbildungsrate haben als Korallen, die ohne die symbiontischen Partner auskommen müssen. Die kleinen Algen sind es auch, die dank bestimmter Farbstoffe den Korallen ihre leuchtende rote, gelbe oder braune Farbe verleihen. Die Polypen der Korallen selbst sind weitgehend farblos.

Allerdings sind die Korallen in Sachen Nahrung nicht komplett auf ihre pflanzlichen Symbiosepartner angewiesen. Vor allem in der Nacht gehen die Miniaturbaumeister mit ihren nesselzellenbewehrten Tentakeln auf die Jagd nach winzigen, frei im Wasser schwebenden Organismen, dem sogenannten Plankton. Das wird nach dem Fang mithilfe der Tentakel über den Mund in die große

Körperhöhle befördert und dort verdaut. Die Mundöffnung dient übrigens zugleich auch als After. Hier nimmt der Polyp nicht nur Nahrung auf, sondern gibt auch seine Abfallstoffe wieder in das umgebende Meer ab.

Das Wachstum der Korallenriffe erfolgt auf ungeschlechtlichem Weg: Die Korallenpolypen teilen sich und die vielen neuentstandenen Polypen bilden wieder neue Kalkhüllen. Auf diese Weise gewinnt das Riff Millimeter für Millimeter an Größe und wächst langsam aber sicher sowohl in die Höhe als auch in die Breite. Wenn man es genau betrachtet, handelt es sich bei einem Korallenriff um einen überaus lebendigen Felsen, der im Laufe der Zeit ständig seine Größe und Form verändert. Allerdings besteht nur die oberste Schicht eines Korallenriffs aus lebendigen Korallen. Der massive Kern, der den Löwenanteil eines Riffs bildet, besteht dagegen lediglich aus den unzähligen leeren Kalkbechern, die zurückbleiben, wenn die Korallenpolypen absterben. Da auf den alten, toten Korallen immer wieder neue Korallen wachsen, entsteht so Schicht um Schicht ein Riff. Diese Vorgänge dauern jedoch ihre Zeit. Das Great Barrier Reef hat – so schätzen Wissenschaftler – rund 20 Millionen Jahre gebraucht, um das zu werden, was es heute ist: das größte lebendige Bauwerk unserer Erde. Die Wissenschaftler haben auch ausgerechnet, dass die weltweit von Korallen produzierte Menge an Kalk pro Jahr etwa 900 Millionen Tonnen beträgt.

Neue Korallenriffe entstehen dagegen durch eine geschlechtliche Fortpflanzung. Einmal im Jahr stoßen alle Korallenpolypen des Riffs zugleich Ei- und Samenzellen aus und überlassen den Meeresströmungen das weitere Geschehen. Bei dieser sogenannten „Korallenblüte" werden oft so große Mengen an Keimzellen ausgestoßen, dass Taucher, die das Spektakel beobachten wollen, im wahrsten Sinne des Wortes nicht mehr die Hand vor Augen sehen können. Treffen Ei- und Spermienzelle im Ozean aufeinander, kommt es zur Befruchtung. Die befruchteten Eizellen entwickeln sich zu einer freischwimmenden Larve, die sich nach

Giftharpunen

Die Tentakel der Korallenpolypen sind mit bis zu 1000 Nessel-
kapseln pro Quadratzentimeter gespickt. Diese höchst spezia-
lisierten Zellbestandteile besitzen an der Oberfläche ein feines
Härchen, das wie ein Sensor jede noch so zarte Berührung
durch ein Beutetier registriert und innerhalb weniger tausendstel Sekunden eine kaskadenartige Reaktion hervorruft: Der Deckel der Kapsel öffnet sich und schleudert explosionsartig einen
Nesselfaden mit gewaltiger Kraft hervor. Im geladenen Zustand
beträgt der hydrostatische Druck in einer Nesselzelle bis zu
150 bar. Das entspricht dem Druck eines Hochdruckreinigers.
Die herausgeschleuderte „Giftharpune" durchschlägt dann mit
ihrer stilettartigen Spitze die Körperwand des Beutetiers und
injiziert ein lähmendes bzw. tötendes Gift. Jede Nesselkapsel
kann nur einmal abgefeuert werden. Danach wird sie durch
eine neue Kapsel ersetzt.

einer Reise von einer knappen Woche auf dem Meeresboden nie-
derlässt und sich dort zu einem festsitzenden Polypen entwickelt.
Durch permanente Teilung dieses Polypen kann mit der Zeit eine
neue Korallenkolonie bzw. ein neues Riff entstehen. Mithilfe ihrer geschlechtlichen Fortpflanzung können sich Korallen durchaus auch über größere Strecken verbreiten.

Das Great Barrier Reef ist
sogar mit bloßem Auge vom
Mond aus zu erkennen.

Ein Weltwunder in Not

Aber das sensible Ökosystem des weltgrößten Riffs ist in großer Gefahr. Der „größte lebende Organismus der Welt" hat in den letzten 27 Jahren fast 50 Prozent seiner Korallendecke verloren. Fast die Hälfte des Korallensterbens gehen nach einer Studie des *Australian Institute of Marine Science* auf das Konto von Zyklonen. Diese tropischen Wirbelstürme schädigen das Riff gleich zweifach. Zum einen bricht der durch Windböen von bis zu 300 Stundenkilometern verursachte starke Wellengang oft ganze Riffteile weg. So richtete der letzte wirklich große Zyklon namens „Yasi", der im Jahr 2011 über das Riff peitschte, auf einer Länge von über 300 Kilometern an den Korallenstöcken zum Teil dramatische Verwüstungen an. Zum anderen sorgen aber Zyklone auch oft dafür, dass aus den Flüssen riesige Mengen an Sedimenten ins Meer gespült werden und sich dort wie ein tödlicher Schleier über das Riff legen, da sie den vergesellschafteten Algen das überlebenswichtige Sonnenlicht vorenthalten.

In hohem Maß mitverantwortlich für die drastischen Korallenverluste am Riff ist jedoch auch ein besonders gefräßiger Seestern: die Dornenkrone. Dornenkronen sind so etwas wie die Heuschrecken der Meere. Sie neigen zu Massenvermehrungen, verspeisen in Millionenstärke große Mengen an Korallen und vernichten so ganze Riffe. Natürlich frisst die Dornenkralle nicht das Kalkskelett, das letztendlich für den Aufbau der Riffe verantwortlich ist, sondern sie hat es auf die Polypen, die dieses Kalkskelett produzieren, abgesehen. Dazu klettert der Seestern auf die Koralle, stülpt seinen Magen aus und stößt dabei Verdauungsenzyme aus. Danach nimmt er die vorverdaute Nahrung mithilfe des ausgestülpten Magens auf. Ein einziger Seestern verzehrt pro Tag ein Stück Korallenriff von der Größe einer Faust. Auf ein Jahr hochgerechnet kann eine Dornenkrone, je nach Größe, daher zwischen sechs und zehn Quadratmetern Riff zerstören. Auf den ersten Blick ist das eine überschaubare Größe. Bedenkt man je-

Ein gefürchteter Riffzerstörer: Die Dornenkrone.

Eine Krone mit Dornen

Mit einem Durchmesser von bis zu 50 Zentimetern ist der Dornenkronenseestern einer der größten Seesterne der Welt. Aber neben seiner Größe ist auch die Zahl der Arme außergewöhnlich: Dornenkronen besitzen, im Gegensatz zu den meisten anderen Seesternarten, die mit lediglich 5 Armen auskommen müssen, je nach Alter bis zu 32 Arme. Von anderen Seesternarten sind Dornenkronen aber auch an den etwa vier bis fünf Zentimeter langen Stacheln, die den ganzen Körper des Seesterns bedecken, leicht zu unterscheiden. Da das Erscheinungsbild des stachligen Gigantenseesterns durchaus an die Dornenkrone, die man Jesus bei der Kreuzigung aufs Haupt gesetzt hat, erinnert, hat man ihm auch folgerichtig diesen Namen gegeben.

doch wie viele Tausende oder gar Millionen der gefräßigen See-
sternen auf dem Riff ihr Unwesen treiben, wird schnell klar, dass
die Dornenkrone innerhalb kürzester Zeit riesige Riffflächen vernichten kann.

Wie es zu den plötzlichen Massenvermehrungen der Seesterne
kommt, ist in der Wissenschaft umstritten. Die zurzeit am meisten favorisierte Theorie geht davon aus, dass offensichtlich die
häufig überdüngten Zuckerrohrfelder im australischen Bundesstaat Queensland für die Massenvermehrungen verantwortlich
sind. Dort werden nach starken Regenfällen die durch die Über-
düngung auf den Feldern reichlich vorhandenen Nährstoffe ins
Meer gespielt. Diese sorgen dort für eine starke Vermehrung des
Planktons, von dem sich wiederum die Dornenkronen ernähren.

Der unmittelbare Kontakt mit einer Dornenkrone kann für
Menschen sehr schmerzhaft und auch nicht ganz ungefährlich
werden. Eine Dornenkrone hat sehr viele spitze und scharfkan-
tige Stacheln, die auch einen Neoprenanzug durchdringen. Zudem sind diese Stacheln noch mit einem giftigen Drüsengewebe
überzogen. Das Gift wirkt muskelschädigend und kann zu über
Stunden anhaltenden Schmerzen führen, die oft kaum erträglich
sind. Erschwerend kommt hinzu, dass die Stacheln häufig in der
Wunde abbrechen. Dadurch können Sekundärinfektionen entstehen, die die Wunden sehr schlecht und langsam heilen lassen.

Einmal ausgewachsen, haben die Dornenkronen dank ihrer
Stacheln kaum Fressfeinde zu fürchten. Lediglich eine Handvoll
Meerestiere, wie der Napoleon-Lippfisch, der Riesenkugelfisch
und der Weißfleckenkugelfisch sowie eine riesige räuberische
Meeresschnecke, das sogenannte „Tritonshorn", sind in der Lage,
ohne größere Verletzungen eine Dornenkrone zu verspeisen.
Aber diese Arten kommen nicht häufig genug vor, um eine Mas-
senvermehrung von Dornenkronen wirksam einzudämmen.

Die Bekämpfung von Dornenkronen gestaltet sich aufgrund
der gefürchteten Stacheln naturgemäß ziemlich schwierig. Dazu
kommt noch, dass Seesterne eine sehr hohe Regenerationsfähigkeit

Trotz ihres prächtigen pflanzenartigen Aussehens handelt es sich bei Korallen um Tiere.

haben, sodass ein Zerschneiden mit dem Tauchermesser wenig hilfreich ist. Bei den ersten Massenvermehrungen in den 1960er-Jahren haben Taucher die Dornenkronen noch in mühsamer Kleinarbeit per Hand eingesammelt, an Land gebracht und dort auf riesigen Scheiterhaufen verbrannt. Später wurden die Seesterne von Tauchern durch Injektionen von Natriumhydrogensulfit abgetötet. Allerdings musste bei dieser Methode das Gift wegen der ho-

hen Regenerationsfähigkeit der Seesterne in mehrere Arme einge-
spritzt werden. Heute wird den gefräßigen Riffzerstörern von den
Tauchern Ochsengalle injiziert, die bewirkt, dass die Seesterne sich
innerhalb von zwölf Stunden vollständig zersetzen. Der Vorteil der
„Ochsengalle-Methode" gegenüber der althergebrachten Technik
besteht in der Zeitersparnis. Im Gegensatz zur „Natriumhydrogen-
sulfit-Methode" kann man die Seesterne mit einer einzigen Och-
sengalleinjektion zur Strecke bringen. Konnte ein Taucher früher
mit der alten Methode pro Tauchgang gerade 70 Seesterne abtöten,
sind es heute dank Ochsengalle 300 und mehr. An einem guten Tag
können Taucherteams daher bis zu 10 000 Dornenkronen eliminieren. Bedenkt man aber, dass eine einzige Dornenkrone, zumindest theoretisch, bis zu 50 Millionen Nachkommen haben kann, ist
das nur ein Tropfen auf den heißen Stein.

Aber auch die globale Erwärmung macht dem Riff zu schaffen.
Die Symbionten der riffbildenden Korallen, die bereits erwähnten
Zooxanthellen, sind extrem empfindlich gegenüber Wärme. Steigt
die Wassertemperatur über 30 Grad Celsius an, geraten die kleinen
Algen in eine Art Hitzestress und beginnen, statt wie gewünscht
Zucker, auf einmal aggressive und giftige Substanzen zu produzieren. Diese Giftstoffe setzen wiederum die sie beherbergenden
Korallen massiv unter Druck: Bei einer längeren Aufnahme der
Gifte würden die Korallen jämmerlich zu Grunde gehen. Letztendlich bleibt den Korallen daher nichts anderes übrig, als ihre
symbiontischen Algen auszustoßen. Aber auch das ist keine ideale Lösung. Denn ohne Zooxanthellen können die Korallen nur
einen begrenzten Zeitraum überleben. Es mangelt ihnen dann
nicht nur an Nahrung, sodass ihr Wachstum und damit auch ihr
Skelettbau gegen Null tendieren, sondern es kommt auch zu einer
allgemeinen Schwächung. Diese Schwächung sorgt dafür, dass die
Abwehrkräfte der Korallen gegenüber Bakterien und Viren ebenfalls dramatisch sinken. Erst wenn die Wassertemperatur wieder
deutlich niedriger wird, können die Korallen erneut Zooxanthellen
aufnehmen und sich so regenerieren. Hält jedoch der zooxanthel-

lenlose Zustand länger als acht Wochen an, sterben die Korallen ab. Dieses Absterben der Korallen ist auch rein äußerlich leicht zu erkennen: Da die Zooxanthellen, wie bereits erwähnt, auch für die Farbgebung der Korallen verantwortlich sind, kommt es ohne die kleinen Algen zu einem Ausbleichen der Korallen, dem berüchtigten *Coral bleaching*, der sogenannten Korallenbleiche, die beträchtliche Ausmaße annehmen kann. So führte zwischen 1998 und 2002 die durch das Klimaphänomen El Nino verursachte Meereserwärmung dazu, dass zwischen 60 und 95 Prozent des Riffs geschädigt

Das Great Barrier Reef des Nordens

Lange galt die einhellige Lehrmeinung, das Vorkommen von Korallen sei lediglich auf die warmen Meere und dort auf die lichtdurchfluteten, relativ flachen Gebiete beschränkt. Heute weiß man, dass es aber auch im kühlen atlantischen Ozean in über 1000 Meter Tiefe ein riesiges Korallenriffsystem gibt, das sich von Spanien bis nach Norwegen erstreckt, das sogenannte „Great Barrier Reef des Nordens". Im Gegensatz zu ihren tropischen Artgenossen, die zum Überleben reichlich Sonnenschein benötigen, damit die mit ihnen vergesellschafteten Algen Photosynthese betreiben können, können die sogenannten Kaltwasserkorallen auf die Hilfe des Sonnenlichts verzichten. Denn sie ernähren sich exklusiv von Plankton, das es in den kalten nordischen Meeren – anders als in tropischen Gewässern – geradezu im Überfluss gibt. Leider sind die Kaltwasserkorallen des Nordens durch die massive Schleppnetzfischerei und die zunehmende Versauerung der Weltmeere stark gefährdet.

wurden. Fünf Prozent des Riffs wurden sogar so schwer beschädigt, dass es wahrscheinlich Jahrzehnte dauern wird, bis es zu einer vollständigen Regeneration kommt.

Aber auch die Schifffahrt stellt eine ständige Bedrohung für das Great Barrier Reef dar. So lief im April 2010 der 230 Meter lange chinesische Frachter Shen Neng 1 durch einen Steuerfehler auf das Riff auf und zog dabei eine rund 3 Kilometer lange und bis zu 250 Meter breite Spur der Verwüstung durch das weitläufigste Korallensystem der Welt. Es wird wahrscheinlich Jahrzehnte, wenn nicht sogar Jahrhunderte dauern, bis die zerstörte Fläche wieder vollständig regeneriert sein wird.

Inzwischen hat die australische Regierung zahlreiche Maßnahmen zum Schutz des Riffs ergriffen. Dennoch wird es nach Ansicht der Wissenschaft viele Jahre dauern, bis sich das aus dem Gleichgewicht geratene Ökosystem des Riffs erholen wird. Andere Wissenschaftler schätzen die Situation noch deutlich pessimistischer ein. Sie glauben, dass die jetzige Generation die letzte sein wird, die sich am größten Korallenriff der Welt erfreuen kann.

Das mobile Haus

Große Mobilität bei gleichzeitig optimaler Sicherheit –
das ist auch im Tierreich ein nicht zu unterschätzender
Vorteil. Genau deshalb haben sich einige Tierarten sogar eine transportable Unterkunft zugelegt. Ob die mit
körpereigenen Substanzen gebildet wird, wie dies beim
Gehäuse der Schnecken der Fall ist, oder ob das Baumaterial erst aus der näheren Umgebung zusammenge-
sucht werden muss, wie das einige Köcherfliegenlarven
machen, spielt dabei nur eine untergeordnete Rolle.
Wichtig ist vor allem, dass die mobile Wohnung zwar einen zuverlässigen Schutz bietet, aber dabei immer noch
so leicht ist, dass ihr Transport nicht in eine energiezeh-
rende Plackerei ausartet.

Ein schleimiges Wohnmobil

Wenn man es genau nimmt, wurde das Wohnmobil bereits vor 500 Millionen Jahren erfunden. Die Erfinder des mobilen Häuschens waren keineswegs, wie böse Zungen nicht müde werden zu behaupten, holländische Urlauber, sondern kleine Weichtiere, die marinen Schnecken. Im Erdzeitalter Kambrium – lange bevor die ersten Dinosaurier die Erde bevölkerten – begannen die Vorfahren unserer heutigen Schecken damit, sich Gehäuse aus Kalk zuzulegen. Ein großer evolutionärer Vorteil: Denn die harten, aber dennoch relativ leichten Behausungen boten den Weichtieren einen zuverlässigen Schutz vor Fressfeinden aller Art – bei gleichbleibender Mobilität.

Aber wie kommen die Weichtiere zu diesem mobilen Eigenheim, das sie, wenn es sich um Landschnecken handelt, nicht nur davor schützt, gefressen zu werden, sondern sie gleichzeitig auch vor dem Austrocknen bewahrt? Das kann man am besten bei unserer bekanntesten Schnecke überhaupt, der bei Feinschmeckern so überaus beliebten Weinbergschnecke, beobachten.

Wenn kleine Weinbergschnecken aus dem Ei schlüpfen und erstmalig das Licht der Welt erblicken, tragen sie, wie andere Gehäuseschecken übrigens auch, bereits ein Gehäuse auf dem Rücken. Die Gehäuseschale wird bereits im Embryonalstadium einer Schnecke angelegt. Allerdings ist diese Schale unmittelbar nach dem Schlupf noch sehr zart – viel zu dünn und viel zu weich, um den frisch geschlüpften Schnecken einen verlässlichen Schutz vor Fressfeinden zu bieten. Deshalb ist es für die junge Schnecke dringend notwendig, die Schale ihres kleinen Häuschens so schnell wie möglich fest und hart zu machen. Dazu bedarf es jedoch kalkhaltiger Nahrung. Um diese möglichst schnell zwischen ihre rund 25 000 Zähne zu bekommen, kann sich die Jungschnecke zunächst an der eigenen stark kalkhaltigen Eierschale bedienen. Später greifen die Schnecken zur Gehäuseproduktion auf die in ihrer pflanzlichen Kost enthaltenen Kalksalze zurück.

Zusätzlich besitzen Weinbergschnecken aber auch die Fähigkeit, Kalk mithilfe ihres Schleims direkt aus dem Boden zu lösen und über ihre Kriechsohle aufzunehmen. Deshalb findet man Weinbergschnecken vor allem auf stark kalkhaltigen Böden. Der frisch resorbierte Kalk wird im Körper zunächst zu speziellen Drüsen im sogenannten Mantelrand transportiert – einer dicken Hautfalte, die sich im Mündungsbereich der Schale befindet. Dort sitzt eine sehr aktive Zellschicht, die nach und nach den Kalk wiederum nach außen absondert, der an der Luft sofort in Prismen- oder Plattenform kristallisiert. So entsteht nach und nach, Windung um Windung eine harte schützende Kalkschale, die nach hinten immer härter und dicker wird. Dieser Prozess dauert an, bis die Weinbergschecke im Alter von etwa drei Jahren ausgewachsen ist. Die Fähigkeit, Kalk aufzunehmen und zu „verbauen", besitzen Schnecken jedoch ein Leben lang. Deshalb können Weinbergschnecken kleinere Löcher oder Risse in ihrer Schale selbst ausbessern, wenn für die Reparatur genügend Kalk als Baumaterial zur Verfügung steht.

Übrigens: Wer ein leeres Schneckenhaus findet, ist nicht auf eine Behausung gestoßen, die von seiner Bewohnerin, aus welchen Gründen auch immer, aufgegeben wurde. Schnecken können ihr Gehäuse niemals verlassen, da ihr Körper fest mit der Schale verwachsen ist. Leere Häuser bleiben nur dann zurück, wenn eine Schnecke doch einmal einem Fressfeind zum Opfer gefallen oder eines natürlichen Todes gestorben ist.

Im Herbst, wenn die Temperaturen deutlich kühler werden und es Zeit wird, sich zum Überwintern in eine schützende Erdhöhle zurückzuziehen, verschließen die Weinbergschnecken ihr Gehäuse mit einem selbstgebildeten Deckel. Dafür sondern die Schnecken zunächst aus speziellen Drüsen des Mantels ein kalkhaltiges Schleimhäutchen ab, mit dem die Mündung des Gehäuses verschlossen wird. Mit der Zeit erstarrt dieses Häutchen dank der Kalkeinlagerungen zu einem festen Deckel, dem sogenannten Epiphragma. Die Aufgabe des Deckelverschlusses ist es, die

Der Schneckenkönig

Schneckenkönig, das ist ein Begriff, der immer mal wieder durch die Medien geistert. Aber wer oder was ist ein Schneckenkönig? Der Sieger in einem Weinbergschneckenwettessen? Oder gibt es bei Weinbergschnecken tatsächlich so etwas wie Monarchen oder gar Königreiche? Natürlich nicht! Die Bezeichnung „Schneckenkönig" hat etwas mit dem Gehäuse, genauer gesagt, mit der Gehäuseausrichtung der Weinbergschnecken zu tun. Normalerweise haben Weinbergschnecken im Uhrzeigersinn gewundene Häuser – in der Wissenschaft wird das als „rechtsgängig" bezeichnet. „Linksgängige" – also gegen den Urzeigersinn gewundene Häuser – sind dagegen äußerst selten. Nur jede hunderttausendste Weinbergschnecke weist ein derart gewundenes Haus auf. Aufgrund ihrer Seltenheit werden diese Tiere deshalb als Schneckenkönige bezeichnet. Sammler sind bereit, tief in die Tasche zu greifen und mehrere hundert Euro für einen Schneckenkönig auf den Tisch zu legen. Tote Könige (oder besser gesagt deren Gehäuse) sind auch relativ häufig in Museen zu finden. Schneckenkönige haben aber leider mit der Fortpflanzung ein größeres Problem. Ein Schneckenkönig trägt nicht nur die Gehäusespitze, sondern auch alles andere, was sonst rechts ist, auf der linken Seite. Das gestaltet die Begattung in technischer Hinsicht äußerst schwierig. Ein Schneckexperte hat das einmal wie folgt formuliert: „Wenn ein Schneckenkönig Sex haben will, ist das in etwa so, als wollte man einem einarmigen Linkshänder die rechte Hand geben." Möglicherweise ist das auch einer der Gründe, warum es so wenige Schneckenkönige gibt.

Hart und dennoch leicht – ihr Gehäuse aus Kalk bietet der Weinbergschnecke zuverlässigen Schutz vor Fressfeinden.

Schnecke vor dem Austrocknen zu schützen. Allerdings schließt
das Epiphragma nicht vollständig luftdicht, sodass ein ständiger
Gasaustausch stattfinden kann, damit die Schnecke nicht Gefahr
läuft, während ihrer Winterruhe zu ersticken.

Theoretisch sind dem Wachstum eines Schneckenhauses keine
Grenzen gesetzt, aber limitiert wird die Größe eines Schneckenhauses durch sein Gewicht. Schließlich kann auch eine noch
so starke Schnecke nicht ständig eine zu schwere Last mit sich
herumschleppen. Dies ist auch der Grund, warum die Gehäuse
von Landschnecken bei Weitem nicht die Größe der Behausungen von Meereschnecken erreichen, bei denen das Gewicht ihrer
Schale, bedingt durch den Auftrieb, kaum ins Gewicht fällt. Das
größte Schneckenhaus der Welt findet man deshalb bei der Großen Rüsselschnecke, einer Schneckenart, die im Indischen Ozean
lebt und deren Gehäuse es immerhin auf fast einen Meter Länge
bringen kann. Die größte Landschnecke der Welt, die Ostafrika-
nische Riesenschnecke, hat dagegen lediglich ein Häuschen von
vergleichsweise bescheidenen 20 Zentimetern Länge.

Köcher

Köcherfliegen tragen ihren doch etwas ungewöhnlichen Namen völlig zu Recht. Allerdings sind es nicht die erwachsenen Fluginsekten dieser in Mitteleuropa mit etwa 300 Arten vertretenen Insektenordnung, sondern ihre im Wasser lebenden Larven, die in köcherartigen Wohnröhren hausen. Damit können sie ihren weichen Hinterleib vor Fressfeinden wie Fischen oder Krebsen effektiv schützen.

Als Baumaterial verwenden die nur ein bis drei Zentimeter großen Larven, die von ihrer Gestalt her stark an Schmetterlingsraupen erinnern, dabei oft völlig unterschiedliche Materialien: Kleine Steine, Holzstückchen, Blattteile oder sogar kleine Muschel- oder Schneckenschalen. Viele Köcherfliegenlarven haben dabei ein derart spezifisches Baumuster, dass man alleine anhand des Aufbaus und der Zusammensetzung des Köchers die genaue Art des Baumeisters bestimmen kann. Zu Baubeginn produzieren die jungen Larven zunächst einmal aus speziellen Spinndrüsen an der Unterlippe einen klebrigen Sekretfaden, den sie unter Zuhilfenahme ihrer Mundwerkzeuge und Vorderbeine zu einem Gespinstköcher formen. Anschließen klebt die Larve die im Gewässer zur Verfügung stehenden Bauteile an die Außenseite dieses Gespinstköchers, bis die Bauteilchen mosaikartig miteinander verzahnt sind und so eine stabile Schutzhülle entstanden ist.

Die Larven, die sich vor allem von pflanzlicher Kost wie Algen und anderen Wasserpflanzen ernähren, können sich bei Gefahr vollständig in den Köcher zurückziehen. Mit dem Wachstum der Larve wächst auch der schützende Larvenköcher. Dafür sorgen die Larven mit einem einfachen Trick: Sie entfernen einfach am rückwärtigen Teil des Köchers die alten und daher beengenden Bauteile, fügen aber gleichzeitig am Vorderende des Köchers neues Baumaterial an, sodass immer ein perfekter Schutz des Körpers gewährleistet ist.

Zur Verpuppung suchen sich die Larven zunächst ein geeignetes Versteck, etwa unter einem Stein, und verschließen dann sowohl die Vorder- als auch die Hinteröffnung ihres Köchers jeweils mit einem Gespinstdeckel. Lediglich kleine Durchlässe für das Atemwasser werden ausgespart. Nach der Puppenruhe, die in der Regel etwa zwei bis drei Wochen anhält, verlässt die Puppe ihr schützendes Gehäuse und schwimmt bzw. kriecht zunächst zur Wasseroberfläche. Dort befreit sich dann das erwachsene Insekt von der Puppenhaut und startet in sein kurzes, nur wenige Tage währendes Leben als Fluginsekt. Die erwachsenen Tiere legen dann schnell nach der Kopulation ihre Eier wieder im Süßwasser ab, sodass der etwa ein Jahr dauernde Entwicklungszyklus erneut beginnen kann.

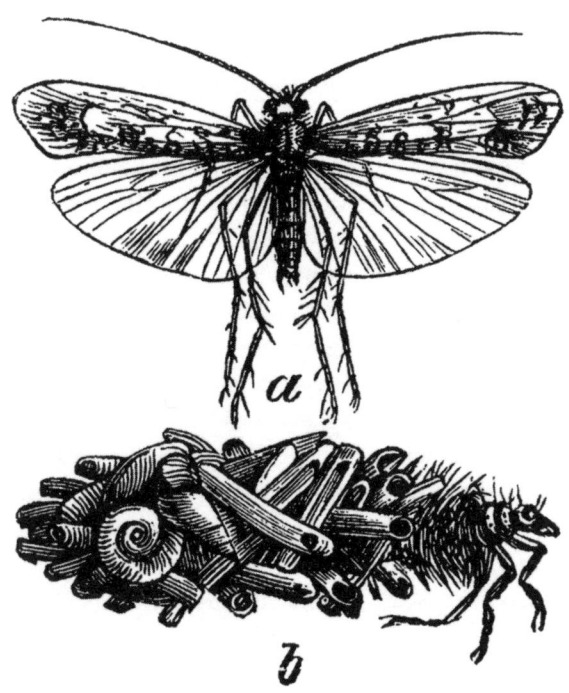

Köcherfliege und Köcherfliegenlarve im schützenden Köcher.

Allerdings gibt es bei den Köcherfliegen durchaus Arten, die trotz ihres Namens keinen schützenden Köcher bauen, sondern entweder unter mehr oder weniger großen Steinen auf dem Grund eines Gewässers Schutz suchen oder oft auch in selbstgesponnen netzartige Gespinsten zwischen Steinen oder Wasserpflanzen anzutreffen sind.

Köcherfliegen sind dank ihrer großen Arten- und Individuenzahl eine wichtige Nahrungsquelle für zahlreiche Fisch- und Wasservogelarten und sind daher ein nicht zu unterschätzender Bestandteil des Nahrungsnetzes im Süßwasser. Diese Tatsache machen sich auch viele Angler zu Nutze, die Köcherfliegenlarven gerne als Köder verwenden. Das geht sogar soweit, dass auch häufig künstliche Nachbildungen der Fliegen- und Larvenstadien von Köcherfliegen beim sogenannten „Fliegenfischen" eingesetzt werden.

Achtarmige Kokosnussschalen

Spätestens seit Krake Paul bei der Fußballweltmeisterschaft 2010 den Ausgang aller sieben Spiele mit deutscher Beteiligung sowie das Endspiel der WM korrekt „vorausgesagt" hat, wissen wir, dass es sich bei Tintenfischen um die wahrscheinlich intelligentesten wirbellosen Tiere überhaupt handelt. Tintenfische haben nicht nur das am besten ausgebildete Gehirn aller Wirbellosen, sondern sind nachweislich hochintelligent und verfügen daher über kognitive Fähigkeiten, die nach Ansicht von vielen Wissenschaftlern denen von Menschenaffen kaum nachstehen. So können Tintenfische zum Beispiel lernen, allein durch Beobachtung von Vorbildern erfolgreich einen Irrgarten zu bewältigen – und das schneller als viele Säugetierarten. Aber auch den Deckel eines Glases mit Schraubverschluss zu öffnen, stellt für einen Kraken kein Problem dar – zumindest, wenn sich eine fette Garnele oder anderes leckeres Futter im Glas befindet.

Einige Wissenschaftler sind sich außerdem ziemlich sicher, dass man bei Tintenfischen sogar unterschiedliche Persönlichkeitstypen finden kann: Manche Acht- bzw. Zehnarmer haben einen durchaus aggressiven Charakter, andere wiederum sind ängstlich oder lethargisch.

Zumindest eine Tintenfischart kann noch deutlich mehr: Sie kann sich ein mobiles Haus bauen. Mehrere Exemplare eines im Indopazifik lebenden Kraken mit dem wissenschaftlichen Namen *Amphioctopus marginatus* wurden vor Kurzem von australischen Wissenschaftlern beim gezielten Sammeln von Kokosnussschalen beobachtet, aus denen sich die Tintenfische später eine schützende Behausung bastelten. Nähert sich den nur 15 Zentimeter

Der Tintenfisch *Amphioctopus marginalis* kann sich aus Kokosnussschalen eine mobile Unterkunft bauen.

großen Kraken ein Fressfeind, zum Beispiel ein großer Raubfisch, dann fügen die Tintenfische blitzschnell die beiden Schalenhälften zu einer gut gepanzerten Kugel zusammen, in die sie sich dann sicher geschützt vor möglichen Beißattacken zurückziehen können. Nach Aussage der Forscher gehen die cleveren Weichtiere beim Transport ihrer mobilen Unterkunft äußerst zielstrebig vor. Zunächst einmal stapeln die Kraken leere Kokosnussschalen auf dem Meeresgrund. Anschließend machen sie es sich dann in der oberen Schalenhälfte kommod, lassen dabei jedoch stets ihre acht Arme über den Rand der Schale baumeln. Jetzt müssen die Tintenfische nur noch ihre Arme versteifen und schon können sie wie auf Stelzen mitsamt ihrem mobilen Eigenheim zu ihrem neuen Ziel staksen.

Die australischen Forscher sind sich sicher, dass sie erstmals einen Werkzeuggebrauch bei einem wirbellosen Tier beobachtet hatten – zudem einen überaus durchdachten und vorausschauenden. Denn zum Zeitpunkt des Schalensammelns sind die Kraken keiner unmittelbaren Bedrohung ausgesetzt. Das heißt, die Tiere sind sich durchaus bewusst, dass sie möglicherweise in naher oder ferner Zukunft schutzbedürftig sein und die gesammelten Kokosnussschalen dringend benötigen könnten. Für dieses vorausschauende Handeln ist nach Ansicht der Wissenschaftler eine weitaus größere kognitive Leistung nötig, als sie etwa ein Einsiedlerkrebs braucht, der ein leeres Meeresschneckenhäuschen sofort als schützende Ersatzhöhle verwendet.

Fallensteller

„Baumeister auf acht Beinen" – so werden Radnetzspinnen in Wissenschaftskreisen gerne bezeichnet. Allerdings „bauen" die achtbeinigen Baumeister nicht, um
für sich oder ihren Nachwuchs eine sichere Unterkunft
zu schaffen, wie dies bei den meisten anderen Tierarten
der Fall ist, sondern um mithilfe ihrer raffiniert konstruierten Fangnetze Beute zu machen. In dieser Hinsicht
sind sie nicht allein. Auch andere Tierarten nutzen ihre
Baukunst, um sich den Magen zu füllen. Allen voran die
Ameisenlöwen, die äußerst effektive Fangtrichter bauen,
mit denen sie erfolgreich Ameisen und anderen kleinen
Insekten nachstellen.

Hauchdünn aber tödlich

Wer sich ein Spinnennetz schon einmal genauer angesehen hat, der weiß, dass diese sorgfältig konstruierte Fadenkonstruktion eine tödliche Falle für Insekten und andere Kleintiere ist: Spezielle Klebfäden, ausgestattet mit winzig kleinen Leimtröpfchen, die die Spinne in ihren Drüsen im Hinterleib produziert, sorgen dafür, dass die Beutetiere der Achtbeiner im Netz festkleben. Je mehr die armen Beutetiere zappeln und versuchen sich zu befreien, desto mehr verfangen sie sich im Netz.

Das Netzbauverhalten ist bei Spinnen weitgehend angeboren. Dabei ist Netzbau jedoch nicht gleich Netzbau: Jede der weltweit etwa 44 000 bekannten Spinnenarten baut ihr Netz nach ihrem eigenen individuellen Muster. Einige der 112 verschiedenen Spinnenfamilien sind sogar nach der Art und Weise benannt, wie und wo sie ihre Netze bauen. Während Baldachinspinnen zum Beispiel ihre baldachinförmigen, leicht gewölbten Raumnetze meist in Bodennähe anlegen, setzen Zitterspinnen auf ein unregelmäßig gewobenes Deckennetz. Trichternetzspinnen, zu denen auch eine unserer häufigsten und bekanntesten Spinnen, die Hauswinkelspinne, gehört, bauen dagegen ihre trichterförmigen Netze in die Ecken und Winkel von Gebäuden. Andere Spinnenfamilien wie Tapezierspinnen bauen Fangschläuche oder arbeiten wie die Gliederspinnen mit schlichten Stolperfäden. Besonders raffiniert geht die Gladiatorspinne vor. Diese Spinnenart, die in den Wäldern Ostaustraliens zu Hause ist, spannt ihr sehr kleines, aber äußerst wirkungsvolles Spinnennetz zwischen ihren vier vorderen Beinen auf. Fliegt jetzt ein Beuteinsekt an der derart bewaffneten Spinne vorbei, breitet die ihr Netz aus und wirft es, ähnlich wie die Gladiatoren im alten Rom, zielsicher über ihr Opfer.

Aber nicht nur der Netzbau, sondern auch die Spinnfäden können sich bei den einzelnen Spinnenarten hinsichtlich Dicke, Struktur und chemischer Zusammensetzung deutlich unterscheiden. So ist ein sogenannter Netzfaden anders aufgebaut als ein Faden, der zum „Fesseln" der Beute dient.

Ein Hightechfaden

Spinnfäden sind wahre Hightechkonstruktionen. Sie sind mit einem Durchmesser von rund einem hundertstel Millimeter zehnmal dünner als ein Haar und verfügen über einige herausragende Eigenschaften: Auf der einen Seite sind sie viermal belastbarer als Stahl, auf der anderen Seite aber dehnbarer als Nylon. Zudem sind Spinnfäden wasserdicht, kälteunempfindlich und biologisch abbaubar. Gleichzeitig können sie mikrobiologischen Angriffen widerstehen. Diese Eigenschaften machen deutlich, dass es sich bei Spinnenseide um einen äußerst begehrten Rohstoff handelt. Das haben schon vor Tausenden von Jahren die Fischer in Papua-Neuguinea erkannt, die die superelastischen und reißfesten Spinnennetze sogar zum Fischfang nutzten. So wundert es nicht, dass Wissenschaftler schon seit vielen Jahren versuchen, Spinnenseide künstlich herzustellen. Lange blieben diese, zum Teil mit hohem Aufwand betriebenen Versuche ohne Erfolg. Vor Kurzem ist es jedoch einer kleinen Münchner Firma, einer Ausgründung der Technischen Universität München, nach jahrelanger Forschungsarbeit erstmals gelungen, künstliche Spinnenseide zu produzieren. Hergestellt wird die künstliche Spinnenseide von gentechnisch veränderten Kolibakterien. Allerdings existieren bisher nur ein paar Spulen des hochbegehrten Materials. Die Forscher hoffen jedoch, bald so viel Material zur Verfügung zu haben, um die künstlichen Fasern auch in einem Webstuhl zu einem textilen Gewebe verarbeiten zu können.

Das Hightechgewebe, das auch als „biologischer Stahl" bezeichnet wird, ist vor allem für den militärische Einsatz vorgesehen: So wäre eine Verwendung der neuen Supertextilen bei der Herstellung von ultraleichten schusssicheren Westen, mi-

nenfesten Hosen oder besonders reißfesten Fallschirmen denk-
bar. Aber auch für zivile Zwecke ist künstliche Spinnenseide gut
geeignet – beispielsweise zur Herstellung superelastischer, aber
zugleich sehr fester Kleidung für Hochleistungssportler. Auch in
der Medizin finden sich zahlreiche Einsatzmöglichkeiten. Zum
Beispiel könnte man Brustimplantate oder Herzschrittmacher
mit Hüllen aus Spinnenseide versehen. Da die Spinnfäden komplett aus Aminosäuren aufgebaut sind, würden diese Hüllen die
Abstoßungsreaktion des Körpers reduzieren.

Radnetze

Die wohl am kunstvollsten konstruierten Fangnetze finden wir
bei den sogenannten Radnetzspinnen. Diese Spinnenfamilie,
zu der auch eine unsere häufigsten heimischen Spinnenarten,
die Gartenkreuzspinne, gehört, baut ihre Radnetze immer nach
dem gleichen Muster: Dazu erklimmt die Spinne zunächst einen
Stamm, einen Ast oder einen Halm, bis sie einen geeigneten An-
kerplatz für ihren ersten Faden gefunden hat. Dann wartet sie
ab, bis ein leichtes Lüftchen weht, und produziert mithilfe ihrer
Spinndrüsen einen langen Spinnfaden. Diesen Spinnfaden lässt
sie so lange vom Wind verwehen, bis der Faden an einem anderen
Ast oder Stamm hängenbleibt und festklebt. Findet die Spinne
mit ihrem Faden keinen Anknüpfungspunkt, holt sie den Faden
wieder ein und frisst ihn. Dadurch wird das Spinnmaterial recy-
celt und kann später wiederverwendet werden. Hat der Versuch
jedoch geklappt und der Faden hat sich an einem benachbarten
Ast oder Stamm verfangen, beginnt der eigentliche Netzbau für
die Spinne mit einem regelrechten Drahtseilakt: Sie muss auf dem
frisch gespannten Faden zunächst zum anderen Ende des Fadens
laufen. Da sie sich nicht sicher sein kann, dass dieser erste Faden
diese Belastung aushält, zieht sie einen Sicherheitsfaden hinter
sich her, mit dem sie sich im Falle eines Absturzes retten kann.

Auch Spinnen gehen somit im wahrsten Sinne des Wortes gern auf Nummer sicher. Hält dieser erste „Wegfaden", läuft die Radnetzspinne mehrmals auf ihm hin und her und verstärkt dabei den Faden. Schließlich muss der so gebildete „Brückenfaden" später das ganze Netz tragen. Anschließend begibt sich die Spinne in die Mitte der Fadenbrücke und seilt sich von dort an einem Faden senkrecht ab. Diesen Faden befestigt sie dann sofort am Boden, sodass letztendlich ein fädiges „Y" entsteht – das Grundgerüst des späteren Netzes. Jetzt klettert die Spinne zu einer der oberen Aufhängestellen und beginnt von dort aus, sogenannte Rahmenfäden zwischen den einzelnen Eckpunkten zu ziehen. Anschließend zieht sie weitere sogenannte Radialspeichen ein: Stützfäden, die die Netzmitte mit den Rahmenfäden verbinden. Nach Vollendung dieses Rohbaus spinnt die Radnetzspinne eine sogenannte Hilfsspirale: einen Faden, der sich von der Mitte des Netzes in immer größer werdenden Kreisen nach außen zieht. Die Hilfsspirale wird dabei mit den Radialspeichen verknüpft und dient der Spinne später als Gerüst und Leitstruktur für den Bau der sogenannten Fangspirale. Gleichzeitig wird durch die Hilfsspirale die Stabilität des Netzes erhöht. Nach einer einminütigen Pause, die die Spinne wohl dazu benötigt, um ihre Fadenproduktion von „nicht klebend" auf „klebend" umzustellen, erfolgt der letzte und zugleich entscheidende Bauabschnitt: das Anlegen der Fangspirale. Dazu scheidet die Spinne einen sehr dehnbaren, äußerst klebrigen Faden aus, den sie in konzentrischen Kreisen von innen nach außen zieht. Dabei entstehen oft mehr als 30 Radien. Die nunmehr überflüssig gewordene Hilfsspirale wird während der Anlage der Fangspirale von der Spinne wieder aufgefressen, um mit ihren Ressourcen hauszuhalten. Jetzt muss sich die Spinne nur noch in die klebfadenfreie Mitte des Netzes begeben und geduldig auf Beute warten.

Der gesamte Netzbau dauert etwa eine halbe Stunde. Dabei werden rund 20 Meter Faden „verbaut" und über bis zu 1500 Verbindungspunkte miteinander verknüpft. Das fertige Netz ist nur

ein halbes Milligramm schwer und trägt dennoch seine über 2000-mal schwerere Produzentin. Übrigens: Das älteste, in Bernstein eingeschlossene Spinnennetz ist etwa 140 Millionen Jahre alt.

Aber wie kommt es, dass eine Spinne nicht in ihrem eigenen Netz hängenbleibt? Selbst wenn die Spinnen auf der Jagd nach Insekten mit unbeschreiblicher Geschwindigkeit durch ihr Netz rennen und den Klebetröpfchen nicht mehr ausweichen könnten, bleiben sie nirgends hängen. Schon Spinnenkinder bewegen sich völlig sicher im Wirrwarr der Spinnfäden. Da stellt sich natürlich die Frage, wie machen die Spinnen das? Sind die Spinnen irgendwie immun gegen den eigenen Klebstoff, der doch ihre Opfer so effizient im Netz festhält? Des Rätsels Lösung ist relativ simpel: Die Spinne bewegt sich nur auf den klebstofffreien Speichen- und Rahmenfäden und meidet den klebrigen Faden der Fangspirale. Zudem sind die Füße einer Spinne in ihrem Aufbau sehr gut an die Fortbewegung im Netz angepasst, da sie aus Haken und Haaren bestehen und somit nur eine äußerst geringe Kontaktfläche haben.

Die größten Spinnennetze der Welt findet man in den Wäldern des Andasibe-Mantadia-Nationalparks in Madagaskar. Dort baut die erst 2009 entdeckte Darwin'sche Rindenspinne Fangnetze von gewaltigen Ausmaßen. Schon allein das eigentliche Netz dieser Radnetzspinnenart erreicht eine Größe von bis zu 2,8 Quadratmetern. Mit den sogenannten Ankerfäden, mit denen das Netz an Bäumen oder Sträuchern befestigt wird, kommt das Netz sogar auf eine Breite von 25 Metern. Besonders häufig werden die Spinnennetze über kleine Fließgewässer gesponnen, wo sich

Radnetzspinnen sind bekannt für ihre kunstvollen Netzkonstruktionen, in deren Mitte sich die sogenannte Fangspirale befindet.

erfahrungsgemäß viele Beuteinsekten aufhalten. Mit dieser einzigartigen Fähigkeit besetzen die Spinnen eine neue ökologische Nische: Sie erschließen sich mit ihrem Gigantennetz einen Lebensraum, den mangels geeigneter Netzgröße keine andere Spinnenart nutzen kann.

Aber wie schafft es eine Spinne, ein Netz über einen rund 25 Meter breiten Bach zu spannen? Ganz einfach: Indem sie sich als Bungeespringer betätigt. Zum Netzbau befestigen die kleinen Spinnen einen sogenannten „Startfaden" an einem Ast, an dem fixiert sie sich ähnlich einem Bungeespringer in die Tiefe stürzen. Geradezu wörtlich am seidenen Faden hängend produzieren die Spinnen dann bis zu 25 Meter lange Seidenfäden, die bei günstigen Windbedingungen auf die andere Seite des Flusses geweht werden und dort mit etwas Glück an einem Baum festkleben. Anschließend muss noch gespannt werden – und schon kann die Spinne mit dem Bau des eigentlichen Radnetzes beginnen.

Aber das größte Netz der Welt bauen zu können, ist nicht der einzige Weltrekord, mit dem die Darwin-Rindenspinne aufwarten kann: Die nur zwei Zentimeter große Radnetzspinne produziert zudem das stärkste biologische Material der Welt. Der Spinnfaden der Weltrekordlerin ist etwa doppelt so stark wie ein „normaler" Spinnfaden und damit rund zehnmal so stark wie ein vergleichbarer Strang aus Kevlar, einer Substanz, aus der auch schutzsichere Westen hergestellt werden.

Es geht aber noch größer: Im August 2008 entdeckten amerikanische Wissenschaftler im texanischen Naturschutzgebiet Lake Tawakoni ein Spinnennetz, das so gigantisch war, dass es Bäume und Sträucher auf einer Strecke von 200 Metern bedeckte. Allerdings handelt es sich beim texanischen Riesennetz nicht um das Werk einer einzigen Spinne, sondern um eine Gemeinschaftsproduktion mehrerer oder, besser gesagt, sehr vieler Spinnen. Derart große Gemeinschaftsnetze sind für Spinnenforscher kein unbekanntes Phänomen. Kommt es, aus welchen Gründen auch immer, zu einem Massenauftreten bestimmter Spinnenarten, nutzen die kleinen Achtbeiner oft die Netze ihrer Nachbarn, um ihr eigenes Netz daran zu befestigen. Auf diese Art und Weiße entsteht ein aus vielen kleinen Einzelnetzen bestehendes Riesennetz, an dessen Konstruktion oft viele tausend Spinnen beteiligt sind, die dieses Netz auch gemeinsam „bewirtschaften", sprich für den Beutefang nutzen.

Spinnennetze unter Drogeneinfluss

Spinnen reagieren unter Drogeneinfluss auch nicht anders als wir Menschen. Das haben Wissenschaftler der NASA 1995 in einer aufsehenerregenden Serie von Experimenten herausgefunden. Die Forscher untersuchten, wie sich diverse Drogen auf den Netzbau von Radnetzspinnen auswirkten. Die Ergebnisse dieser Untersuchung waren nicht überraschend: So gingen zum Beispiel Spinnen, denen man zuvor Marihuana verabreicht hatte, zunächst mit großem Engagement daran, ihr Netz zu bauen, verloren mit der Zeit jedoch immer mehr die Lust an ihrer Tätigkeit und hörten schließlich ganz damit auf. Auch die Verabreichung von Chloralhydrat, einem Hauptbestandteil von Schlafmitteln, brachte das erwartete Ergebnis: Nachdem die Spinnen anfangs noch eifrig Fundament und Rahmen des Netzes fertiggestellt hatten, schliefen sie plötzlich bei ihrer Tätigkeit ein und fielen zu guter Letzt auch noch aus dem begonnenen Netz.

Verabreichten die Wissenschaftler den Achtbeinern Benzedrin, ein zur Gruppe der Amphetamine gehöriges Aufputschmittel, gingen die Spinnen sofort mit Feuereifer daran, ihr Netz zu bauen – allerdings planlos und reichlich unkonzentriert. Die fertigen Netze zeichneten sich durch zahlreiche Löcher und unfertige Stellen aus. Nach der Verabreichung von Koffein sah das Ergebnis noch übler aus: Unter dem Einfluss dieser Droge waren die Spinnen zwar geradezu hyperaktiv, wie man das bei einem derartigen Aufputschmittel ja auch erwarten konnte. Allerdings brachten die gedopten Spinnen – trotz heftiger Bemühungen – außer ein paar willkürlich zusammengesponnen Fäden kein vernünftiges Ergebnis mehr zusammen.

Spinnen mit Persönlichkeit

Normalerweise sind Spinnen radikale Einzelgänger, die es nicht schätzen, wenn ein Artgenosse ihnen oder ihrem Netz zu nahe kommt. Bei den sogenannten sozialen Spinnen ist das anders. Diese Spinnenarten, die vor allem in den Ländern der neuen Welt zu Hause sind, bauen zusammen riesige Gemeinschaftsnetze, in denen sie sowohl gemeinsam auf die Jagd gehen als auch ihren Nachwuchs großziehen. Amerikanische Wissenschaftler haben jedoch herausgefunden, dass es bei den sozialen Spinnen offensichtlich nicht nur unterschiedliche Charaktere, sondern auch eine dem Charakter entsprechende Arbeitsteilung gibt. So treten zum Beispiel bei der sozialen Spinnenart *Anelosimus studiosus*, die sowohl in Süd- als auch in Nordamerika weit verbreitet ist, zwei völlig unterschiedliche Charaktertypen auf, die auch unterschiedlichen Tätigkeiten nachgehen. Typ I, der aggressive Typ, ist dabei in der Gemeinschaft für den Netzbau, die Beutejagd und die Verteidigung zuständig. Im Gegensatz dazu geht der Typ II einer eher friedfertigen Tätigkeit nach und kümmert sich um den Nachwuchs.

Um herauszufinden, ob die Spinnen bei der „Berufswahl" immer ihrem Talent folgen, überprüften die Wissenschaftler die Fähigkeit der Spinnen jeweils bei einer für sie untypischen Tätigkeit: Die Rambos von Typ I mussten sich als Ammen versuchen und die Softies von Typ II beim Netzbau bzw. bei der Jagd. Tatsächlich entpuppten sich die Rambos als schlechte Pflegekräfte, während die Softies weder als Jäger noch als Verteidiger oder Netzbauer überzeugen konnten. Offensichtlich folgen die Spinnen in Sachen Arbeitsteilung ihren angeborenen Fähigkeiten. Nach Ansicht der Wissenschaftler sind die sozialen Spinnen in dieser Hinsicht mit uns Menschen vergleichbar. Auch sie greifen offensichtlich zu dem Job, der nicht nur ihrer Persönlichkeit am nächsten kommt, sondern von dem sie auch glauben, dass sie für ihn am besten geeignet sind.

Auf den Trichter gekommen

Ein Löwe und eine Jungfer

„Wer Anderen eine Grube gräbt, fällt selbst hinein." Dieses Sprichwort aus der Bibel mag für uns Menschen zutreffen, nicht jedoch für einen Ameisenlöwen. Denn dessen Lebensaufgabe ist es, ständig Gruben zu graben, in die andere gleich reihenweise hineinfallen.

Aber wer oder was ist eigentlich ein Ameisenlöwe? Und was hat er mit Löwen bzw. Ameisen zu tun? Zunächst ist es wichtig, festzuhalten, dass es sich beim Ameisenlöwen nicht um ein fertiges Insekt, sondern um eine Larve handelt – die am Boden lebende Larve eines kleinen, räuberischen Fluginsekts, der Ameisenjungfer. Ameisenjungfern erinnern auf den ersten Blick an eine Libelle, gehören zur Insektenordnung der sogenannten Netzflügler und ernähren sich von kleinen Nachtfaltern.

Aber es gibt es auch nicht nur den Ameisenlöwen bzw. die Ameisenjungfer. Ameisenlöwen sind auf allen Kontinenten zu Hause. Weltweit gibt es rund 2500 Arten dieser höchstinteressanten Tiere, bei uns in Mitteleuropa allerdings insgesamt nur neun Arten, von denen aber nur vier die charakteristischen trichterförmigen Fallgruben bauen. Die restlichen Arten sind aktive Jäger.

Eine hübsche, wenn auch wissenschaftlich nicht ganz korrekte Beschreibung des Ameisenlöwen lieferte übrigens bereits im Frühmittelalter der Mainzer Erzbischof und Universalgelehrte Rabanus Maurus (um 780–856) in seiner bekannten Enzyklopädie *De rerum naturis*: „Der Ameisenlöwe ist eine kleine Kreatur, die gegenüber Ameisen sehr feindlich gesinnt ist. Er verbirgt sich im Staub und tötet Ameisen, die mit Nahrungsmitteln beladen sind. Seinen Namen Formicaleon (Ameisenlöwe) trägt das Tier zu Recht: Gegenüber Ameisen verhält es sich wie ein Löwe, gegenüber anderen Tiere nur wie eine Ameise."

Bevorzugter Lebensraum der Ameisenlöwen sind trockene sandige Böden, wie man sie in Wüsten, Halbwüsten und Dünenlandschaften, aber auch in sandigen Nadelwäldern findet. Nur in einem so beschaffenen Untergrund können die kleinen Insektenlarven ihre berühmt-berüchtigten Fangtrichter anlegen. Ameisenlöwen erreichen je nach Art eine Größe von ein bis zwei Zentimetern. Ihr Hinterleib ist relativ breit, während Kopf und Vorderbrust eher schmal geschnitten sind. An der Brust sitzen drei Beinpaare, die kräftige Borsten tragen. Auffälligstes Merkmal sind jedoch zwei mächtige sichelförmige Kieferzangen, die an der Innenseite mit kleinen spitzen Greifdornen versehen sind. Die gesamte Körperoberfläche der Minijäger ist mit verschiedenen Borstentypen besetzt. Einige dieser Borsten sind mit Sinneszellen ausgestattet. Sie ermöglichen es dem Ameisenlöwen, der nur über eine schwache Sehkraft verfügt, selbst kleinste Erschütterungen, wie sie durch nahende Beutetiere, aber auch Fressfeinde ausgelöst werden, frühzeitig zu registrieren. Andere, kräftigere Körperborsten wiederum erlauben es einem Ameisenlöwen, der sich am Grund seines Fangtrichters eingegraben hat, sich fest im Untergrund zu fixieren. Farblich sind die meisten Ameisenlöwenarten perfekt an ihre unmittelbare Umgebung angepasst. Durch ihre graubraune Färbung sind sie in ihrem bevorzugten Lebensraum Sand kaum zu erkennen. Offenbar gilt auch für Ameisenlöwen das Motto: „Tarnung ist das halbe Leben."

Bei den Fangtrichtern des Ameisenlöwen handelt es sich um besonders
raffiniert konstruierte Fallen.

Reingefallen

Der Bau der Fangtrichter folgt immer dem gleichen Schema: Zu Beginn der Bauarbeiten zieht der Ameisenlöwe zunächst durch ständige Rückwärtsbewegungen eine kreisrunde Furche in den Sand. Als „Sandpflug" dient ihm dabei seine leicht nach unten gekrümmte Hinterleibspitze. Ist die erste Furche, die je nach Art einen Durchmesser von bis zu acht Zentimeter haben kann, fertiggestellt, gräbt sich der Ameisenlöwe in immer enger werdenden Spiralen immer tiefer in den Boden ein, bis letztendlich ein kleiner kreisrunder Trichter mit einer Tiefe von bis zu drei Zentimetern entstanden ist.

Das anfallende Aushubmaterial, sprich den überschüssigen Sand, entfernt der Ameisenlöwe dabei mithilfe seines Kopfs und seiner beiden Kieferzangen, die dank ihrer kräftigen Beborstung als höchst effiziente „Wurfschaufel" dienen. Diese Schaufel belädt der Ameisenlöwe zunächst mithilfe seiner Vorderbeine mit Sand, den er dann blitzschnell aus dem Trichter herausschleudert. Die Wurfbewegung selbst erfolgt durch ein ruckartiges Zurückwerfen des Kopfs mit den mächtigen Kieferzangen. Diese können bis 180 Grad nach hinten und 90 Grad zur Seite gebeugt werden, was wiederum eine sehr gezielte Wurfbewegung ermöglicht.

Die Wurfleistungen der Ameisenlöwen sind dabei so exorbitant, dass sie auch einen Olympiasieger im Kugelstoßen oder Diskuswerfen vor Neid erblassen lassen würden: Die kleinen Insekten können Sandpartikel, deren Gewicht das Zehnfache ihres eigenen Körpergewichts beträgt, bis zu 30 Zentimeter weit schleudern. Um eine vergleichbare Leistung zu erzielen, müsste ein zwei Meter großer und 100 Kilogramm schwerer Mensch einen Kleinwagen etwa 60 Meter weit werfen.

Beim Auswerfen der Sandpartikel kommen drei unterschiedliche Wurftechniken zum Einsatz, die sich jeweils nach der Größe des zu entfernenden Fremdkörpers und nach der Position des Ameisenlöwen im Trichter richten. Schließlich müssen auch

Ameisenlöwen mit ihren Kräften haushalten. Befindet sich der Ameisenlöwe zum Beispiel auf halber Höhe der Trichterwand, kommen sowohl der sogenannte tangentiale als auch der laterale Wurf zum Einsatz. Mit diesen beiden Wurftechniken werden leichtere Fremdkörper, die lediglich das Fünf- bis Achtfache des eigenen Körpergewichts wiegen, aus dem Trichter entfernt. Beim tangentialen Wurf erfolgt die Wurfbewegung über den Körper hinweg, beim lateralen Wurf wird der Gegenstand nach seitlich außen geschleudert. Bei beiden Wurfarten hält sich der Energieaufwand in Grenzen. Der sogenannte radiale Wurf kommt dagegen zum Einsatz, wenn sich der Ameisenlöwe in der Trichtermitte befindet und er es mit ganz schweren Brocken, die das Zehnfache seines eigenen Körpergewichts und mehr auf die Waage bringen, zu tun hat. Bei dieser Wurftechnik, die aufgrund der großen Entfernung zum Trichterrand und des hohen Gewichts einen großen Energieaufwand erfordert, wird das störende Objekt mit einer weit ausholenden Bewegung über den eigenen Körper hinweg nach hinten geschleudert.

Bei der Anlage des Trichters achtet der kleine Baumeister genau darauf, dass das Gefälle des Trichters dem sogenannten Reibungswinkel des verwendeten Substrats entspricht. Unter einem Reibungswinkel verstehen Physiker den Winkel einer schiefen Ebene, ab dem ein auf ihr ruhender Körper zu gleiten beginnt. Bei Sand beträgt der Reibungswinkel zum Beispiel rund 30 Grad. Im Falle des Ameisenlöwen heißt das, dass der Trichter so steil angelegt ist, dass der Sand nicht von sich aus ins Rutschen gerät. Auf der anderen Seite muss der Trichter aber immer noch so steil sein, dass ein Tier, das auf den Trichterrand tritt, dieses fragile System sofort aus dem Gleichgewicht bringt und dadurch ein Abrutschen des Sands bewirkt. Dann rutscht das Beutetier unweigerlich in den Abgrund.

Beim Trichterbau sind Ameisenlöwen übrigens echte Perfektionisten. Stößt der Ameisenlöwe bei seinen Grabaktivitäten auf ein größeres Steinchen oder ein festes Erdklümpchen, setzt der sechsbeinige Trichterbauer alles daran, dieses Objekt sofort und endgültig aus seinem Fangtrichter zu entfernen. Schließlich möchte er vermeiden, dass das Teilchen später einem Beutetier als Trittstufe dient und so die Flucht aus seinem Trichter ermöglichen kann. Kleinere Objekte werden mithilfe der bereits erwähnten Kopfbewegung aus dem Trichter geschleudert. Größere Objekte lädt sich der Ameisenlöwe auf den Rücken und klimmt so beladen vorsichtig den Trichter empor, um das störende Teilchen endgültig zu entsorgen.

Hat der Ameisenlöwe seinen Trichter fertiggestellt – ein Vorgang, der üblicherweise in rund einer Viertelstunde bewerkstelligt wird –, gräbt er sich sofort im Sand so tief ein, dass nur noch Kopf und Kieferzangen sichtbar bleiben, und lauert geduldig auf seine Beute. Betritt jetzt eine Ameise oder ein anderes Beutetier die Trichterböschung, kommt sie sofort ins Rutschen und gleitet, zusammen mit den unter ihren Füßen befindlichen Sandkörnchen, unaufhaltsam in Richtung Trichtermitte. Dort wird das Opfer bereits vom hungrigen Ameisenlöwen erwartet, der mit seinen zangenartigen Mundwerkzeugen kräftig zubeißt. Diese Zangen sind zudem noch giftig. Mithilfe von längs durch die Zangen laufenden Kanälen kann der Ameisenlöwe seinem Opfer ein hochtoxisches, schnell wirkendes Gift injizieren. Hat der Ameisenlöwe erst einmal zugepackt, hat das Beutetier fast keine Chance zu entkommen. Zum einen treten beim Opfer durch den Giftbiss bereits nach wenigen Sekunden Lähmungserscheinungen auf. Zum anderen ist der Ameisenlöwe dank seiner vielen Körperborsten derart fest im Sand verankert, dass selbst größere Beutetiere ihn nicht aus seinem Versteck ziehen können. Für den seltenen Fall, dass der Ameisenlöwe mit seinen Zangen danebengreift und das Beutetier zunächst fliehen kann, hat der kleine Jäger immer noch einen weiteren Pfeil im Köcher: Er schleudert dem Flüchtling mit der bereits beschriebenen Kopfbewegung gezielt Sandkörnchen hinterher, die das flüchtende Tier sofort wieder in die Tiefe reißen.

Lediglich deutlich größere oder gut gepanzerte Beutetiere wie Gehäuseschnecken oder Kellerasseln, die der Ameisenlöwe mit seinen Kieferzangen nicht durchbohren kann, haben eine reelle Chance, dem tödlichen Trichter zu entkommen. Aber auch größere Ameisen haben sich nach – wenn auch nur vereinzelten – Beobachtungen schon erfolgreich gegen einen Ameisenlöwen zur Wehr gesetzt und ihn sogar manchmal als Beute ins heimische Nest getragen. Auch sich totzustellen, ist für Beutetiere eine gute Möglichkeit, noch einmal mit dem Leben davonzukommen. Denn Ameisenlöwen betrachten alles, was sich nicht bewegt, als störenden Fremdkörper, den sie in hohem Bogen aus dem Trichter schleudern.

Ameisenlöwen haben übrigens eine sogenannte extraintestinale Verdauung, bei der die „Vorverdauung" nicht im eigenen Körper, sondern im Körper des Beutetiers stattfindet. Dazu injiziert der Ameisenlöwe über seine Mundwerkzeuge zunächst eine größere Menge Verdauungsenzyme in das gelähmte Beutetier. Diese Verdauungsenzyme verflüssigen dann das Körperinnere des Beutetiers zu einer trüben homogenen Masse, die anschließend vom Ameisenlöwen aufgesaugt und im eigenen Darmtrakt weiterverdaut wird. Dieser Prozess kann mehrere Stunden dauern. Da es der Ameisenlöwe nicht sonderlich schätzt, wenn Leichenteile in seiner näheren Umgebung liegen, schleudert er die leere Hülle des Beutetiers anschließend aus dem Fangtrichter.

Überlebenskünstler

Fressfeinde muss der Ameisenlöwe dank seiner versteckten Lebensweise kaum fürchten – im Gegensatz zu den nachtaktiven Ameisenjungfern. Diese sind nicht nur für die ebenfalls nachts jagenden Fledermäuse ein willkommener Leckerbissen, sondern verfangen sich bei ihren Jagdflügen auch häufig in den Fangnetzen von Spinnen. Tagsüber ist das Risiko für die Ameisenjungfern, von einem Fressfeind erwischt zu werden, dagegen deutlich geringer. Da sitzen die kleinen Fluginsekten gut versteckt mit angelegten Flügeln in dichten Gebüschen oder in der Krone kleiner Bäume.

Apropos Ameisenjungfern: Insgesamt durchlaufen Ameisenlöwen drei weitgehend gleiche Larvenstadien. Zum Ende ihrer Larvenzeit spinnen sich die kleinen Räuber zur Verpuppung in einen Kokon ein, in dem nach der sogenannten Puppenruhe die Verwandlung zum erwachsenen Insekt stattfindet. Nach der Begattung legen die Ameisenjungfernweibchen an sandigen, windgeschützten Stellen ihre Eier ab und mit dem Schlüpfen der Larven wird der Entwicklungszyklus vollendet. Die gesamte Entwicklung vom Ei bis zum fertigen Insekt dauert rund zwei Jahre.

Anders, als uns das sein Name weismachen will, ernährt sich ein Ameisenlöwe keineswegs exklusiv von Ameisen. Ein Ameisenlöwe, der kein aktiver Jäger ist, sondern in seinem Fangtrichter versteckt darauf angewiesen ist, dass seine Beute zu ihm kommt, kann es sich gar nicht leisten, wählerisch zu sein. So gehören neben vielen kleinen Insektenarten auch noch Spinnen, Milben, Asseln und sogar kleine Würmer und Nacktschnecken zu seiner potenziellen Beute. Liegt der Fangtrichter eines Ameisenlöwen allerdings in unmittelbarer Nähe eines Ameisennests, stellen die kleinen Insekten über 90 Prozent seines Beutespektrums.

Ameisenlöwen sind auch wahre Überlebenskünstler: Selbst bei hohen Umgebungstemperaturen, wenn sich im Sommer während der heißen Mittagsstunden der Sand auf 50 Grad Celsius und mehr erhitzt, können die kleinen Räuber auf Wasser als Getränk verzichten. Ihren Flüssigkeitsbedarf decken Ameisenlöwen ausschließlich aus der Flüssigkeit und den Nährstoffen, die ihnen ihre Beutetiere liefern. Auch längere Perioden, in denen ihnen kein Beutetier zum Opfer fällt, überstehen Ameisenlöwen problemlos. In Zeiten des Mangels können sie mehrere Monate hungern, ohne ernsthaft Schaden zu nehmen. Erstaunlicherweise verlieren sie in dieser Zeit auch relativ wenig Gewicht. Wenn sich die Ernährungssituation allerdings bessert, legen Ameisenlöwen gewaltig zu. In nur vier Tagen können die kleinen Raubinsekten bei ausreichender Beute ihr Gewicht nahezu verdoppeln.

Außergewöhnlich sind auch die Toilettengewohnheiten des Ameisenlöwen: Während die kleinen Räuber flüssige Exkrete problemlos ausscheiden, fehlt dem Verdauungstrakt der Ameisenlöwen eine Öffnung, mit der feste Exkremente ausgeschieden werden können. Dies hat zur Folge, dass alle festen Exkremente während der gesamten Larvenzeit, und die beträgt immerhin drei Jahre, im Körper gespeichert werden. Ein Teil dieser Exkremente wird später bei der Bildung des Kokons der Puppe als Baumaterial verwendet, der Rest wird von der Ameisenjungfer als Kotpellet ausgeschieden – kurz bevor sie als fertiges Insekt aus dem Kokon schlüpft.

Schimpansenspeere

Schimpansen sind reine Pflanzenfresser – so dachte man zumindest bis Anfang der 1960er-Jahre. Dann aber nahm die berühmte Affenforscherin Jane Goodall unsere nächste Verwandtschaft im Tierreich mal etwas genauer unter die Lupe und fand heraus, dass Schimpansen überhaupt keine Vegetarier und schon gar keine Veganer sind, sondern ab und zu auch eine Fleischbeilage zu schätzen wissen.

Durch Untersuchungen an mehreren freilebenden Schimpansenpopulationen konnte die Nahrungszusammensetzung der Primaten genau bestimmt werden. Die Nahrung unserer langarmigen Verwandtschaft besteht demnach zu über 50 Prozent aus Früchten, zu 40 Prozent aus Blättern und Blüten, zu 8 Prozent aus Samen und Rinde und nur zu 2 Prozent aus Fleisch. Das heißt, der Anteil von Fleisch an der Gesamtnahrung ist relativ gering, aber es heißt auch, dass Schimpansen Allesfresser sind. Meist

handelt es sich bei der Fleischbeilage der afrikanischen Menschenaffen um Insekten wie Heuschrecken oder Termiten. Aber
einige Schimpansen können auch anders: Vor Kurzem haben
Wissenschaftler der Iowa State University bei einer Schimpan-
senkolonie im Senegal einen besonders brutalen und auch blut-
rünstigen Werkzeuggebrauch entdeckt. Die dort ansässigen Menschenaffen begeben sich oft in regelrechten Jagdgruppen auf die
Jagd nach einer kleinen Halbaffenart, sogenannten Buschbabys,
und versuchen ihre schlafenden, nachtaktiven Opfer mit selbst
angefertigten Speeren in deren Schlafhöhlen zu erstechen. Sobald sie auf ihren Jagdzügen in einer Baumhöhle ein schlafendes
Buschbaby entdecken, beginnen sie sofort mit der Herstellung eines Speers. Das läuft in mehreren Schritten ab: Zunächst brechen
die Affen einen kräftigen, aber geraden Zweig von einem Baum
ab, um danach sorgfältig Seitenäste und Blätter zu entfernen. Da
jeder Speer auch über eine wirkungsvolle Speerspitze verfügen
muss, spitzen sie dann den Speer mithilfe ihrer Schneidezähne
an einem Ende an. Anschließend stoßen sie mit dem gerade fer-
tiggestellten Speer mehrmals heftig in die Schlafhöhle hinein.
Vorrangiges Ziel der Speerjagd ist es, das Buschbaby zu verletzen
und damit bewegungsunfähig zu machen. Das ist eine clevere
Strategie. Denn unbewaffnet hätten die Schimpansen kaum eine
Chance, die flinken Halbaffen zu erbeuten. Nach Ansicht von
Wissenschaftlern erfordert das Anfertigen eines solchen Speers
ein recht hohes Intelligenzniveau, das man bisher zwar frühen
Verwandten des Menschen wie dem Urmenschen *Australopithe-
cus*, aber keinem Menschenaffen zugebilligt hatte.

Übrigens ist der Fleischverzehr bei Schimpansen hauptsächlich Männersache. Das hängt damit zusammen, dass bei den
Schimpansen vor allem die Männchen auf die Jagd gehen. Dazu
schließen sie sich zu regelrechten Jagdgruppen zusammen, denen
sich zwar auch manchmal ein Weibchen anschließt, jedoch nicht
aktiv an der Jagd teilnimmt. Allerdings wird die Beute bei diesen
„Primatenjagdgesellschaften" fast ausschließlich unter den aktiv

Ein vielfältiger Werkzeuggebrauch ist bei Schimpansen weit verbreitet.

Jagenden verteilt. Wer dabei wieviel von der Beute abbekommt, entscheidet nicht, wie sonst üblich, der Rang in der strengen Schimpansenhierarchie, sondern der Jagderfolg. Die Weibchen dagegen bekommen kein Fleisch ab, weil sie an der Jagd nicht aktiv teilnehmen. Allerdings haben die Weibchen einen Weg gefunden, wie sie dennoch zu einer Fleischmahlzeit kommen: Sie prostituieren sich. Zumindest hat man das bei einer Schimpansengruppe im Tai-Nationalpark an der Elfenbeinküste beobachtet. Die Weibchen machen den Männchen ein unmoralisches Angebot: Sex gegen Fleisch. Dieser Handel bringt für viele rangniedrigere Männchen den erheblichen Vorteil, dass sie auf diese Art und Weise auch einmal an die Reihe kommen.

Architektur macht sexy

Bekanntermaßen herrscht im Tierreich in den meisten Fällen Damenwahl. Die Weibchen möchten sich bevorzugt mit den Männchen paaren, von denen sie vermuten, dass sie besonders fit und leistungsfähig sind und entsprechend „gute" Gene haben. Denn diese Gene sollen schließlich an den gemeinsamen Nachwuchs weitergegeben werden. Die Herren der Schöpfung müssen sich gewaltig ins Zeug legen, wenn sie bei der Dame ihres Herzens Erfolg haben wollen. Wer Vater werden will, muss zeigen, dass er auch fit genug ist, sonst wird er nicht auserwählt. Da sind meist verführerische Sänger, wilde Tänzer oder zumindest ein prächtiges Aussehen gefragt. Aber es gibt im Tierreich auch andere Wege, um die Damenwelt nachhaltig zu beeindrucken – zum Beispiel, indem sich der Bewerber als begnadeter Architekt bzw. Baumeister erweist.

Auf die Laube kommt es an

Der Blaufetischist

Wie bei vielen anderen Vogelarten auch, ist das Gefieder bei den Männchen und Weibchen des Seidenlaubenvogels ganz unterschiedlich gefärbt. Während die Männchen des kleinen, etwa amselgroßen Vogel, der in den Regen- und Eukalyptuswäldern der australischen Ostküste zu Hause ist, mit einem glänzend schimmernden blauschwarzen Federkleid protzen können, sind die Weibchen eher unscheinbar braungrau gefärbt. Dennoch setzen die Seidenlaubenvogelmännchen nicht etwa, wie in Vogelkreisen üblich, auf die Pracht ihres Gefieders, um willige Weibchen anzulocken, sondern betätigen sich als fleißige und kunstsinnige Innenarchitekten. Dabei setzen sie ganz gezielt auf die Farbe Blau: In der Balzzeit der Laubenvögel, im April, beginnt das Männchen zunächst mit dem Bau einer sogenannten Laube. In mühevoller Kleinarbeit stellt es zu diesem Zweck auf einem vorher sorgfältig gesäuberten Platz kleine Zweige und Ästchen zu zwei sich gegenüberstehenden, rund 30 Zentimeter hohen Wänden zusammen. Die Laubenwände sind dabei meist streng senkrecht angeordnet, das heißt, sie stoßen nur äußerst selten dachartig zusammen. Der freibleibende Gang zwischen den beiden Wänden ist rund 12 Zentimeter breit und liegt erstaunlicherweise immer in Nord-Süd-Richtung. In diese Liebeslaube möchte das Männchen in der Balzzeit möglichst viele Weibchen locken, um sich mit ihnen zu verpaaren. Damit dieses Unterfangen auch gelingt, muss das Männchen dieser zunächst noch etwas unscheinbar wirkenden Laube noch den richtigen Glanz verleihen.

Jetzt zeigt sich, warum der Seidenlaubenvogel ein Blaufetischist ist. Er schmückt den Vorplatz beziehungsweise die Seitenwände seiner Laube mit allen blauen Gegenständen, die er bekommen kann. Lebt der Laubenvogel in der freien Natur, sind dies blaue Beeren, blaue Blütenblätter oder blaue Schmetterlingsflügel. Die

Natur hat eine Menge Blau zu bieten. In der Nähe von menschlichen Ansiedlungen dagegen greift das Seidenlaubenvogelmännchen auch auf blauen Zivilisationsmüll zurück: Plastikfetzen, Wäscheklammern, Kronkorken oder Trinkhalme. Hauptsache blau! Der Vorteil des Plastikschmucks gegenüber den Naturprodukten liegt auf der Hand. Er hat eine deutlich längere Haltbarkeit und muss nicht ständig erneuert werden.

Beim Laubenbau kommt es auch immer wieder zu Diebstählen. Einige Männchen stibitzen die schönsten Schmuckstücke aus den Lauben der Konkurrenz und verschönern damit die eigene Laube. Vor allem Männchen, die in der Laubenvogelhierarchie nicht gerade eine Topposition einnehmen, kann es deshalb passieren, dass ranghöhere Herren ihnen die Prunkstücke ihrer Sammlung so schnell stehlen, dass sie mit dem Nachschub kaum hinterher kommen. Oft wird beim „Schmuckdiebstahl" gleich noch die ganze Laube des Konkurrenten zerstört – ein cleverer Schachzug. Denn ohne Laube kann die Konkurrenz bei den Damen nicht einmal ansatzweise punkten. Apropos kriminelle Aktivitäten: Einige Laubenvögel schrecken auch nicht vor einem Mord zurück, wenn es darum geht, die eigene Laube zu verschönern, und töten mit gezielten Schnabelhieben kleinere Vogelarten – nur um in den Besitz ihrer leuchtend blauen Schwanzfedern zu gelangen.

Zu guter Letzt malt das Männchen in vielen Fällen seine Laube noch blau an. Da stellt sich die Frage: Wie malt ein Vogel? Des Rätsels Lösung ist ebenso einfach wie verblüffend. Der gefiederte Malermeister sammelt einige blaue Beeren und zertritt sie anschließend mit den Füßen – schon hat er die geeignete Farbe parat. Als Pinsel dient entweder ein kleines Holzstückchen oder, wenn nicht vorhanden, der eigene Schnabel. Dieses Verfahren ist übrigens eines der wenigen Beispiele für einen erfolgreichen Werkzeuggebrauch bei Vögeln. Wenn dann endlich die Laube im schönsten Blau erstrahlt, präsentiert sich das Männchen der Damenwelt singender- und tanzenderweise auf dem Laubenvorplatz, dem sogenannten Balzplatz. Beim Tanz selbst geht der Herr der Schöpfung äußerst raffiniert vor: Er spreizt seine Flügel gezielt über dem Kopf. Dadurch wird das Sonnenlicht von den glänzenden Flügelfedern reflektiert und lässt den Tänzer in einem sehr beeindruckenden, glänzenden Metallischblau erscheinen. Beim Gesang setzt das Männchen dagegen neben den eigenen schrillen Rufen auch auf gute Imitationen von Krähen und anderen Vögeln.

Die vom Glanz der Laube herbeigelockten Weibchen betrachten die Darbietungen des Männchens zunächst einmal interessiert, aber zunächst noch reglos. Ab und zu lungern in der Peripherie des Laubenplatzes auch einige noch nicht geschlechtsreife Männchen herum, die das Balzverhalten der „erwachsenen" Männchen interessiert studieren. Visuelles Lernen nennt man das in der Wissenschaft. Aber Balzverhalten und Laubenbau lernt man offensichtlich nicht von heute auf morgen. So kann man immer wieder beobachten, dass die noch nicht geschlechtsreifen Männchen zu Übungswecken bereits in frühster Kindheit ziemlich unordentliche Balzplätze anlegen und dort mit viel Elan ihre Balztänze einüben. Da ein männlicher Seidenlaubenvogel erst mit sieben Jahren geschlechtsreif wird, haben die gefiederten Jungmänner eine Menge Zeit zum Üben. Der Spruch „Früh übt sich, wer ein Meister werden will" gilt offenbar auch bei Seidenlaubenvögeln.

Die Weibchen wählen dann je nach Alter ganz unterschiedlich aus: Ältere Weibchen, die schon mehrere Bruten hinter sich gebracht haben, wählen meist den besten Balztänzer. Junge, im Brutgeschäft noch unerfahrene Weibchen entscheiden sich dagegen im Regelfall für das Männchen mit der schönsten Laube. Offensichtlich kommt bei erfahrenen Damen echtes Machogehabe wie Aufplustern, Flügelspreizen, lautes Schreien und Herumrennen mit stolzgeschwellter Brust deutlich besser an als architektonische Feinheiten. Die jungen Weibchen sehen das offensichtlich anders.

Wenn ein Männchen ein exzellenter Laubenbauer oder aber ein guter Tänzer ist, kann es sich bis zu fünfmal pro Brutsaison verpaaren. Gute Väter sind Laubenvogelmänner allerdings nicht: Nestbau und Aufzucht der Jungen bleibt dem Weibchen überlassen. Das Männchen hat offensichtlich Wichtigeres zu tun – sich auf die nächste Paarung vorzubereiten. Schließlich möchte es seine Gene möglichst weit streuen, und das ist harte Knochenarbeit. Denn nur jedes vierte Weibchen, das die Laube betritt, lässt auch eine Kopulation zu.

Aber warum schmücken die Seidenlaubenvögel ihre Lauben ausschließlich mit blauen Gegenständen? Warum greifen sie nicht zu rotem, gelbem oder grünem Schmuckwerk? Die Wissenschaft glaubt eine Antwort auf diese interessante Frage gefunden zu haben: Die Seidenlaubenvogelmännchen möchten durch den blauen Schmuck die Wirkung des eigenen tiefblauen Gefieders verstärken, um so bei den Weibchen einen größeren Eindruck zu hinterlassen.

Diese Hypothese wird übrigens durch den Gelbnacken-Laubenvogel bestätigt. Bei dieser Laubenvogelart – der Name verrät es schon – ist beim Männchen der Oberkopf, Nacken und ein Großteil der Flügel leuchtend orangegelb gefärbt. Folgerichtig schmücken die Männchen dieser Laubenvogelart ihre Laube mit allerlei gelben Gegenständen und streichen ihre Laube mit aus gelben Beeren gewonnener Farbe leuchtend gelb an. Ein weitgehend gelb gefärbter Laubenvogel möchte die Damenwelt mit einer gelben, nicht etwa mit einer blauen Laube beeindrucken. Nur so kann er die optische Wirkung seines gelben Gefieders optimal verstärken.

Wenn man es genau betrachtet, ist der Laubenbau eine elegante Lösung für ein Dilemma, in dem bei Vögeln zahlreiche Männchen stecken: Oft kommen nur die Männchen bei der Damenwelt zum Zuge, die auch über ein üppiges buntes Federkleid verfügen, mit dem sie die Weibchen beeindrucken können. Auf der anderen Seite ist so ein prächtiges Federkleid auch ein gewaltiger Nachteil, da bei so viel Auffälligkeit nicht nur Weibchen, sondern auch Fressfeinde angelockt werden. Der Seidenlaubenvogel hat dieses Problem quasi ausgelagert: Dadurch, dass er die Weibchen mit seiner blau geschmückten Laube anlockt, kann er selbst zunächst unauffällig im Hintergrund bleiben und muss sich erst bei der Aufführung des Balztanzes exponieren. Während unsere Männer in Sachen Fraueneroberung auf Statussymbole wie Porsche, Rolex oder Motorjacht setzen, präsentiert der Laubenvogel der Damenwelt seine perfekt geschmückte Liebeslaube – und hat damit wahrscheinlich mehr Erfolg.

Das Deko-Beet

Vor Kurzem haben Wissenschaftler herausgefunden, dass ein naher Verwandter des Seidenlaubenvogels, der ebenfalls in Australien beheimatete Fleckenlaubenvogel, sich nicht nur als Laubenbauer und Innenarchitekt, sondern auch als Landwirt betätigt. Er schafft es zudem, diese drei Tätigkeiten erfolgreich miteinander zu verbinden. Der Fleckenlaubenvogel baut genau die Pflanzen, deren Früchte er so dringend zur Verschönerung seiner Laube benötigt, selbst an.

Im Gegensatz zum Seidenlaubenvogel lieben Fleckenlaubenvögel nicht die Farbe Blau, sondern Grasgrün. Um Weibchen anzulocken, schmücken die Männchen dieser Vogelart ihre Lauben gezielt mit den grünen Früchten der sogenannten „Buschtomate", einem wildwachsenden Strauch aus der Familie der Nachtschattengewächse. Bei ihrer Laubengestaltung sind die Männchen jedoch äußerst penibel: Alte und bereits verschrumpelte Früchte werden vom Laubenbesitzer sofort mit dem Schnabel gepackt und mithilfe einer geschickten Schleuderbewegung des Kopfs aus dem Laubenbereich geschleudert. In der Peripherie der Lauben fallen die Früchte jedoch auf guten Boden, da die Laubenvögel den Bereich um ihre Bauten regelmäßig von störendem Gras und Unkräutern befreien. Das hat zur Folge, dass die Samen der

Früchte dort ideale Bedingungen vorfinden und beginnen zu keimen und zu wachsen. Mit der Zeit entsteht so unmittelbar vor der eigenen Haustür ein Buschtomatengarten, aus dem das Fleckenlaubenvogelmännchen bequem genau die Früchte ernten kann, die es zum Schmuck seiner Lauben benötigt. Das spart auf lange Sicht eine Menge Arbeit. Denn Fleckenlaubenvogelmännchen nutzen eine Laube bis zu zehn Jahre lang.

Damit ist der Fleckenlaubenvogel die einzige Tierart, die Pflanzenbeete anlegt, deren Produkte nicht als Nahrungsmittel Verwendung finden. Denn die Früchte selbst stehen nicht auf dem Speiseplan des Fleckenlaubenvogels. Sie dienen allein der Verschönerung der Laube. Man könnte deshalb durchaus von einem hübschen Ziergarten sprechen, den sich der Fleckenlaubenvogel anlegt.

Interessanterweise treffen die Fleckenlaubenvögel durch ihr Verhalten sogar eine Art von Zuchtauswahl. Beobachtungen von Wissenschaftlern zeigten, dass die Früchte der Buschtomatensträucher in der Peripherie der Lauben eine besonders intensive Grünfärbung aufwiesen. Das hängt wiederum damit zusammen, dass die Vögel gezielt nach besonders grünen Früchten suchen, um sie in ihrer Laube zu verwenden: Je grüner, desto besser. Auch in wissenschaftlichen Tests zogen Fleckenlaubenvögel stärker grün gefärbte Früchte etwas blasseren Früchten deutlich vor. Dabei konnten sie nach Aussagen der testenden Wissenschaftler selbst feinste Farbnuancen unterscheiden. Letztlich kommt es dadurch im Laubenvogelziergarten zu einer Art Selektion ihrer Lieblingspflanzen: Die Laubenvögel fördern durch ihre Auslese in ihren Beeten die Tendenz der Früchte, immer grüner zu werden – ähnlich wie gute Gärtner, die immer nur die Pflanzen mit den besten Eigenschaften weitervermehren. Nach Ansicht der Wissenschaft steckt hinter den gärtnerischen Aktivitäten der Laubenvogelmännchen jedoch keine bewusste Absicht, sondern es handelt sich eher um ein zufälliges Nebenprodukt bei der Renovierung der Laube.

Besonders raffiniert geht der männliche Graulaubenvogel beim Laubenbau vor. Auch diese Laubenvogelart errichtet zunächst aus sorgsam in den Boden gesteckten Zweigen und Ästchen einen Laubengang in Nord-Süd-Richtung. Und auch dieser Laubengang führt zu einem Balzplatz, der vom Vogelmännchen zuvor sorgfältig von Unkraut, Blättern und anderen störenden Objekten befreit wurde. Den Balzplatz schmücken die Herren der Schöpfung dann mit allerlei weißen beziehungsweise grauen Gegenständen – beispielsweise Muscheln, Knochensplitter oder Steine, die wiederum als Hintergrund für farbige Brautgeschenke wie eine leckere Beere dienen.

Beim Schmücken des Balzplatzes legen die Männchen aber großen Wert auf eine bestimmte Anordnung der weißen Schmuckstücke. Sie platzieren auf dem Balzplatz die kleineren Objekte weiter vorne und die größeren weiter hinten. Damit erzeugen sie eine raffinierte optische Täuschung: Betritt ein Weibchen den Laubengang und bewegt sich in Richtung Balzplatz, erscheinen ihm durch diese raffinierte Anordnung alle Objekte gleich groß.

Ein weiterer Effekt dieser Anordnung besteht darin, dass die kleinen Objekte im Vordergrund die Beere, die vom Männchen auf gleicher Höhe als Balzgeschenk positioniert wurde, im Verhältnis relativ groß erscheinen lässt – und auch Laubenvogelweibchen bevorzugen große Geschenke. Da die Weibchen die Szenerie stets aus der vom Männchen extra zu diesem Zweck geschaffenen Position betrachten, dem Laubengang, sprechen Wissenschaftler hier von einer sogenannten „erzwungenen Perspektive". Das Ganze ist ein Trick, den auch wir zum Beispiel in der Architektur oder beim Filmen einsetzen, um Teile einer Szenerie kleiner

Bei den Laubenvögeln versuchen die Männchen die Weibchen mit sorgsam geschmückten Liebeslauben zu beeindrucken.

oder bei umgekehrter Anordnung größer erscheinen zu lassen. Australische Wissenschaftler konnten übrigens klar nachweisen, dass die Männchen den größten Erfolg bei den Damen hatten, die dieses Spiel mit der Perspektive am besten beherrschten. Je exakter der Gradient von großen zu kleinen Objekten verlief und je besser das Balzgeschenk durch die „erzwungene Perspektive" präsentiert wurde, desto länger verweilten die angelockten Weibchen im Laubengang. Mit diesem längeren Aufenthalt stieg auch die Chance der Männchen, die staunenden Weibchen zu begatten.

Die australischen Biologen konnten zudem mit einem einfachen Trick beweisen, dass es sich bei der perspektivischen Gestaltung der Laube keinesfalls um eine zufällige Aktivität der Laubenvogelmännchen handelt, sondern dass diese Anordnung der Steinchen wohl geplant ist. Die Wissenschaftler veränderten immer wieder die Lage der Steinchen: Sie positionierten die größeren Steinchen näher an den Zugang zum Balzplatz und rückten dafür die kleinen Steinchen weiter in den Hintergrund. Diese Anordnung sagte den Laubenvogelmännchen offensichtlich überhaupt nicht zu. Denn sie stellten den alten Zustand stets innerhalb von drei Tagen wieder her.

Eine Laube nach Maibaumart

Die beeindruckendsten und schönsten Lauben aller Laubenvögel baut eine etwa drosselgroße Laubenvogelart, die ausschließlich auf der Halbinsel Vogelkop im Nordwesten Neuguineas zu Hause ist: der Hüttengärtner.

Das unscheinbar braun gefärbte Männchen dieser Vogelart baut allerdings keine klassischen Laubenalleen, wie dies die anderen Laubenvögel tun, sondern Lauben vom sogenannten „Maibaum-Typ". Dazu errichtet das Hüttengärtnermännchen zunächst in mühevoller Kleinstarbeit eine Hütte, die vom Aufbau her an ein Zelt der nordamerikanischen Prärieindianer erinnert: Das Männchen baut rund um ein zentrales Element – etwa einen dünnen Baumstamm oder einen dicken Orchideenstängel – in unendlich vielen Arbeitsstunden eine nahezu kreisrunde Hütte, deren spitz zulaufendes Dach aus sorgfältig zusammengesteckten und miteinander verwobenen Zweigen und Orchideenstängeln besteht. Setzt man diese Konstruktion in Relation zur Körpergröße des Erbauers, kann sie gigantische Ausmaße annehmen: Hütten mit einer Höhe von 1,20 Metern und einem Bodendurchmesser von 2 Metern sind keine Seltenheit. Daher wundert es nicht, dass die ersten Europäer, die den Westen Neuguineas erforschten, die Lauben des Hüttengärtners für eine Art Spielzeughäuschen hielten – von den Kindern der Eingeborenen als Unterschlupf angefertigt.

Steht dann der Rohbau der Hütte „nach Maibaumart", kann der Hüttengärtner mit der komplexen, aber auch extravaganten Innenausstattung der Hütte beginnen. Als erste architektonische Maßnahme werden Hüttenboden und Hüttenvorplatz mit großer Akribie gesäubert und anschließend sorgfältig mit Moos bedeckt. Ist der Hüttengärtner endlich mit der Moosabdeckung zufrieden, beginnt er sofort mit dem „Schmücken". Allerdings bevorzugt der Hüttengärtner, im Gegensatz zu anderen Laubenvogelarten, bei der Auswahl seiner Schmuckstücke nicht eine einzige Farbe. Der Hüttengärtner mag es bunt und vielseitig. So sammelt der kleine Vogel unermüdlich Blüten, Federn, Beeren und sogar die Deckflügel von Käfern. In der Nähe menschlicher Siedlungen nimmt er auch Dosendeckel, Kronkorken oder Buntglasstückchen. Bei der Schmuckauswahl gilt folgende Grundregel: Möglichst neu, möglichst farbintensiv und möglichst selten sollten die Deko-Stücke sein. Beim Arrangement der Schmuckstücke legt der Hüttengärtner großen Wert auf Ordnung. Gleichartige bzw. gleichfarbige Elemente werden nicht etwa willkürlich im Laubeninnern oder auf dem Vorplatz verstreut, sondern sorgfältig in unterschiedlichen Haufen angeordnet. Dabei kommt es offensichtlich auch auf den Kontrast an. So häuft der Hüttengärtner zum Beispiel gerne einen Haufen aus roten Beeren direkt neben einem sorgsam angeordneten Stapel pechschwarzer Pilze auf.

Dem Einfallsreichtum bezüglich Laubenschmuck scheinen keine Grenzen gesetzt zu sein. In Hüttengärtnerkreisen gelten offensichtlich auch Gegenstände als Schmuck, die bei uns Menschen auf weniger Begeisterung stoßen. So wurde bereits mehrfach beobachtet, das die Allrounder unter den Laubenvögeln im Laubenvorhof sorgfältig die Kotkügelchen von Hirschen arrangierten und diese, als die unappetitlichen Schmuckstücke allmählich begannen zu verpilzen, sofort durch frische Hirschlosung ersetzten.

Der Wunsch, immer eine makellose Laube zu besitzen, beschäftigt das Hüttengärtnermännchen ständig. Verblasste oder gar verfaulte oder verwelkte Dekorationsstücke werden vom gefiederten Innenarchitekten sofort ausgewechselt und durch neue Ware ersetzt. Der Drang nach Perfektion geht beim Hüttengärtner sogar soweit, dass er lebende Käfer, die er gelegentlich zu Dekorationszwecken missbraucht, sofort wieder an die für sie vorgesehene Stelle im Gesamtkunstwerk zurücksetzt, wenn diese versuchen zu fliehen.

Auch was die Masse der Schmuckstücke betrifft, lässt sich der Hüttengärtner nicht lumpen: Das Gesamtgewicht des Laubenschmucks beträgt oft mehr als das 20-fache des Eigengewichts des kleinen Vogels. Übrigens ist der Laubenbau beim Hüttengärtner nicht nur genetisch vorprogrammiert. Regionale Unterschiede in der Gestaltung der Lauben weisen daraufhin, dass die Jungvögel auch durch genaue Beobachtung der älteren Kollegen lernen, wie eine eindrucksvolle Laube auszusehen hat, mit der man bei den Damen punkten kann.

Nähert sich ein interessiertes Weibchen der Laube, unterbricht das Männchen sofort seine Bautätigkeit und versucht, die Aufmerksamkeit des Weibchens zunächst durch eine flotte Gesangseinlage zu wecken. Betritt das Weibchen den Laubenvorhof, um Laubenschmuck und Sänger etwas genauer zu betrachten, zieht sich das Männchen in die Laube zurück und präsentiert der Bewerberin, versteckt hinter dem Zentralpfeiler der Hütte, singenderweise seine schönsten Schmuckstücke. Kann ein Weibchen diesem Angebot nicht widerstehen, findet der Akt dann direkt in der Laube statt.

Hüttengärtnermännchen sind übrigens polygam veranlagt und versuchen im Gegensatz zu den Weibchen, die sich in der Regel mit einem Partner begnügen, sich mit möglichst vielen Partnerinnen fortzupflanzen. Erweist sich ein Männchen als guter Laubenbauer oder guter Sänger und zeigt der Damenwelt zumindest durch eine dieser beiden Eigenschaften, dass er im Besitz guter Gene ist, darf es im Extremfall auf 30 Weibchen und mehr hoffen, mit denen es sich in einer einzigen Balzsaison paaren darf. Allerdings scheitern auch viele Männchen beim Flirten geradezu kläglich, da ihre vermeintlichen Prachtbauten den hohen Ansprüchen der Weibchen nicht genügen. Wie bei den anderen Laubenvogelarten ist der Nestbau und die Aufzucht der Jungen beim Hüttengärtner ausschließlich Aufgabe des Weibchens.

Die Wissenschaft hat eine durchaus plausible Erklärung für die Tatsache, dass Hüttengärtner die mit Abstand aufwendigsten Lauben aller Laubenvögel bauen: Bei Laubenvögeln besteht offensichtlich eine enge Beziehung zwischen der Gefiederpracht des Männchens einerseits und der Gestaltung der Lauben andererseits. Beobachtungen haben gezeigt, dass Laubenvogelmänner, die über ein auffallendes Gefieder verfügen, lediglich kleine und nur wenig geschmückte Lauben bauen. Gefiedermäßig weniger prachtvoll ausgestattete Herren müssen sich beim Laubenbau dagegen deutlich mehr ins Zeug legen. Vor diesem Hintergrund wird klar, dass der unscheinbarste aller Laubenvögel, der Hüttengärtner, auch die opulentesten und kunstvollsten Lauben errichtet.

Der Fitnesstest

Steinchen spielen eine große Rolle im Leben des Trauersteinschmätzers, genauer gesagt, sehr viele Steinchen. Der kleine
Vogel, der in den Felslandschaften Spaniens und Nordafrikas
zu Hause ist, baut sein Nest gerne in Felspalten oder in kleinen
Höhlen zwischen den Felsen. Das Nest selbst besteht dabei aus
Gras, kleinen Pflanzenstängeln und Blättern und wird oft auch
mit Wolle oder Flaumfedern ausgepolstert – soweit noch kein außergewöhnliches Geschehen. Nach der Balz legt dann allerdings
das Trauersteinschmätzermännchen ein höchst eigentümliches
Verhalten an den Tag. Es sammelt nach und nach in der näheren
Umgebung viele kleine Steinchen und schichtet diese, eines nach
dem anderen, vor dem Eingang zum Nest sorgfältig zu einem
großen Steinhaufen aufeinander. Wissenschaftler haben ermit-
telt, dass diese Steinchen im Schnitt etwa 7 Gramm wiegen. Aber
die Vogelherren transportierten auch deutlich schwerere Steinchen. Rekordhalter war ein kleiner Brocken, der immerhin stolze
28 Gramm auf die Waage brachte – eine gewaltige körperliche
Leistung für einen Vogel, der selbst nur knappe 40 Gramm wiegt.
Nach einer Woche eifrigen Sammelns wiegt der aus vielen hundert Steinchen bestehende Steinhaufen oft bereits 2 Kilogramm.
Zu Beginn der Brutzeit existieren meist regelrechte Steinberge
mit einem Gesamtgewicht von 10 Kilogramm oder mehr. Aber
warum plagen die Männchen sich so unermüdlich ab? Warum
investieren sie so viel Mühe und Zeit in eine scheinbar sinnlose
Steinschlepperei? Schließlich benötigen die Weibchen die Steinchen weder für den Nestbau, noch können sie sonst irgendetwas
anderes Nützliches mit ihnen anfangen. Die Hoffnung auf Paarung als Belohnung für die Schufterei scheidet aus, da die Sam-
melaktion erst nach Balz und Paarung stattfindet. Letztendlich
lösten spanische Ornithologen durch umfangreiche Untersuchungen das Rätsel der Steinchenberge: Die Wissenschaftler entdeckten eine äußerst interessante Beziehung zwischen der Größe

Die Weibchen des Trauersteinschmätzers unterziehen ihre Männchen einem gnadenlosen Fitnesstest.

der Steinhaufens auf der einen und der Anzahl der vom Weibchen gelegten Eier auf der anderen Seite. Je größer der angesammelte Steinhaufen war, desto größer fiel auch später das Gelege aus. Da fiel es den Forschern von der iberischen Halbinsel wie Schuppen von den Augen: Die Weibchen unterziehen den Herrn Gemahl einem gnadenlosen Fitnesstest. Denn nur ein Männchen, das schon vor der Eiablage gute Sammlerqualitäten zeigt, wird später auch die Jungen gut versorgen. So riskiert man nur bei besonders fleißigen Männchen ein großes Gelege. Schließlich muss man auch als umsichtige Vogeldame mit den eigenen Kräften haushalten.

Zeig mir Deine Höhle!

Erst kürzlich ging es durch die Presse: „Wählerischstes Weibchen des Tierreichs entdeckt." Amerikanische Wissenschaftler hatten herausgefunden, dass die Weibchen der Kalifornischen Winkerkrabbe (*Uca crenulata*) bis zu über 100 Männchen testen, bevor sie sich für einen Partner entscheiden. Die Winkerkrabbendamen legen dabei nicht nur auf das Äußere des Bewerbers wert, sondern vor allem auf seine handwerklichen Fähigkeiten. Gute Baumeister stehen bei Winkerkrabbenweibchen höher im Kurs als Männchen mit einem eher durchschnittlichen baulichen Talent.

Aber der Reihe nach: Bei Winkerkrabben handelt es sich um kleine, oft auffällig bunte Krebstiere, die mit rund 65 Arten die Strände der warmen und tropischen Meere bewohnen. Dort leben sie im sogenannten Tidenbereich des Meeres – einem Bereich, der bei Flut vom Meerwasser überspült wird und bei Ebbe trocken fällt. Die meist dämmerungs- bzw. nachtaktiven Krabben leben in selbstgegrabenen röhrenförmigen Höhlen, die sie gegenüber Konkurrenten äußerst aggressiv verteidigen. Während der Flut ziehen sich die Krabben in ihre Wohnhöhlen zurück. Bei Ebbe dagegen verlassen sie diese und begeben sich auf Nahrungssuche.

Auffällig ist bei Winkerkrabben ein deutlicher Unterschied zwischen den Geschlechtern, der auch zum Namen der kleinen Krebstiere geführt hat. Während die Weibchen wie alle anderen Krabbenarten auch zwei völlig normale Scheren haben, ist beim Männchen eine Zange gewaltig vergrößert – viel zu groß, um damit Futter aufnehmen zu können. Das monströse Greifgerät, das fast die Hälfte des Körpergewichts ausmacht, dient vor allem der Balz: Durch heftiges Hin-und-Her-Schwenken der meist farbenprächtigen Monsterschere wollen die Herren die geneigte Damenwelt auf sich aufmerksam machen.

Es gibt sowohl Rechts- als auch Linkswinker. Interessanterweise winken alle Männchen im gleichen Rhythmus. Wie diese Synchronizität entstanden ist, hat man erst vor Kurzem herausgefunden: Der Gleichtakt entsteht, weil jedes Männchen verzweifelt versucht, als Erster zu winken, um auch als Erster die Aufmerksamkeit eines Weibchens auf sich zu lenken. Da alle Männchen dies so machen, entsteht – eher unfreiwillig – das synchrone Winken.

Die Winkintensität wird bei Winkerkrabben durch Angebot und Nachfrage bestimmt – zumindest an der Küste Sansibars. Australische Wissenschaftler haben beobachtet, dass Winkerkrabbenmännchen deutlich weniger intensiv winken, wenn nur wenige Rivalen in der Nähe sind. In diesem Fall sank die die Zahl der Winkbewegungen pro Minute um bis zu 30 Prozent. Je größer andererseits die Zahl der Nebenbuhler war, desto heftiger stieg auch die Zahl der Winkbewegungen an. Dieses Verhalten hat nach Ansicht der Wissenschaft sowohl ökonomische als auch sicherheitsrelevante Gründe. Heftiges Winken kostet nicht nur reichlich Energie, sondern kann auch die Aufmerksamkeit von Fressfeinden wecken.

Hat ein Männchen endlich die Aufmerksamkeit eines Weibchens mit seinen Winkbewegungen auf sich gezogen, nimmt die doch ernsthafter interessierte Dame zuerst einmal das Männchen in seiner Gesamterscheinung in Augenschein. Bevorzugt werden möglichst gleich große Partner. Hat das Männchen diese Musterung bestanden, wird anschließend die dazugehörige Erdhöhle besichtigt. Dabei erweisen sich die Weibchen nach Beobachtungen von US-Forschern als ausgesprochen wählerisch. Im Durchschnitt inspizierten die Winkerkrabbendamen 23 Höhlen, bevor sie sich endgültig für einen Bewerber entschieden. Ein besonders wählerisches Weibchen besuchte in gut einer Stunde über 100 Bauten, bevor sie sich auf einen Verehrer festlegte. Die Wissenschaftler konnten allerdings auch beobachten, dass etwas größer gewachsene Krabbendamen deutlich weniger wählerisch waren als kleinere Exemplare. Denn viele Behausungen waren so klein geraten, dass sich größere Weibchen hier nicht hineinzwängen konnten.

Scherenhochstapler

Die überdimensionale Schere der männlichen Winkerkrabben wird, außer zur Balz, auch häufig als Waffe bei Rivalenkämpfen zwischen konkurrierenden Männchen eingesetzt. Da es bei diesen Rivalenkämpfen ziemlich rau zugeht, passiert es öfter, dass die Männchen bei diesen Gefechten ihre Balzschere verlieren. Aber dank guter Regenerationsfähigkeit können sie die verlorene Schere nach einiger Zeit wieder nachbilden. Allerdings bilden manche Männchen keine gleichwertigen Scheren nach, sondern produzieren stattdessen ein harmloses Imitat. Die neue Schere sieht zwar groß und furchteinflößend aus, ist aber aufgrund einer Art „Leichtbauweise" viel zu schwach, um als wirkungsvolle Waffe zu dienen. Das Scherenimitat bilden die Krabben aus ökonomischen Gründen: Die Bildung der Attrappe kostet die Krabben deutlich weniger Energie, als wenn sie eine neue, voll funktionsfähige Schere ausbilden würden. Und da Winkerkrabbenmännchen die Kampfkraft ihrer Gegner anhand der Scherengröße messen und bei Gegnern, die eine deutlich größere Schere aufweisen können, schnell das Weite suchen, können die Männchen mit ihrem Imitat eine Stärke vortäuschen, die sie in Wirklichkeit nicht besitzen. Sie können den Gegner mit ihrer Attrappe einschüchtern, indem sie ähnlich wie ein guter Pokerspieler einfach bluffen. Kommt es aber doch zu einem Kampf, haben die Scherenhochstapler mit ihrem Imitat allerdings schlechte Karten.

Bei den Männchen der Winkerkrabben ist eine Schere überdimensional ausgebildet.

Aber warum hat die Höhle des Männchens eine derart überragende Bedeutung für die Partnerwahl des Weibchens? Die Antwort auf diese Frage ist ungewöhnlich. Nicht Bequemlichkeit und Komfort stehen bei der Höhlenwahl der Weibchen im Vordergrund, sondern ein ausgeprägtes Fürsorgeverhalten für den künftigen Nachwuchs, der später in dieser Höhle zur Welt gebracht werden soll. Hier sind sowohl die Größe der Höhle als auch die Größe der Höhlenöffnung entscheidende Kriterien und eng mit der Entwicklungszeit sowie damit der Überlebenschance des Nachwuchses verknüpft: Im Idealfall schlüpfen Winkerkrabbenlarven, wenn der zweiwöchentliche Gezeitenzyklus seinen Höchststand erreicht. Ist die Wohnung zu groß, brüten die Tiere nicht lange genug, ist sie zu klein, verpassen sie den optimalen Zeitpunkt – den Höchststand der Flut – ebenfalls. Dann werden die Larven von der Meeresströmung entweder zu früh oder zu spät hinausgeschwemmt und fallen dadurch fast unweigerlich Fressfeinden zum Opfer. Deshalb misst das Weibchen der Wohnungsinspektion eine so große Bedeutung bei, bevor sie einzieht und zusammen mit dem Männchen die Brut aufzieht.

Geheimnisvolle Abwehr-
maßnahmen

Es müssen nicht immer Wohnbauten oder Fanggeräte sein. Einige wenige Tiere schaffen es sogar, Schönheit und Glanz zu produzieren. Die Rede ist hier von den wenigen Muscheln, die in der Lage sind, ein Wunder der Natur herzustellen: eine Perle. Und das nicht etwa, um uns Menschen zu erfreuen, sondern als eine Art Schutzmaßnahme. Externe Schönheit als Ergebnis einer internen Reinigung sozusagen.

Perlen gehören zu den Schmuckstücken, deren Geheimnis und Schönheit eine große Faszination auf den Menschen ausüben. Warum einige wenige Muschelarten diese wunderbaren Schmuckstücke produzieren, ist bis heute allerdings noch nicht vollständig wissenschaftlich geklärt. Es existieren jedoch verschiedene Theorien: Die gängigste Hypothese besagt, dass die Muscheln sich durch die Perlenbildung gegen in das Innere der Muschel eingedrungene Muschelparasiten und andere Fremdkörper zur Wehr setzen. Die Muschel überzieht den Fremdkörper mit einer Schicht Calciumcarbonat nach der anderen, bis der Fremdkörper völlig abgekapselt ist und letztendlich eine glänzende Perle entstanden ist. Um eine Perle zu bilden, muss allerdings noch eine weitere Voraussetzung erfüllt sein: Mit dem Fremdkörper muss auch ein Stück des Mantelgewebes, das auch für die Bildung der Schale verantwortlich ist, in das Innere der Muschel gelangen. Dort vermehren und verbinden sich dann Epithelzellen dieses Gewebes durch Zellteilung miteinander. Auf diese Weise entsteht ein sogenannter Perlsack, der unverzüglich mit der Perlmuttbildung beginnt.

Nach einer weniger bekannten Theorie sollen dagegen genetisch bedingte Wucherungen der Epithelzellen für die Perlenbildung verantwortlich sein. Die lange Zeit gehegte Vermutung, ein in die Muschel eingedrungenes Sandkorn solle die Bildung einer Perle auslösen, wird heute von der Wissenschaft mehrheitlich verworfen.

Bereits im gesamten Altertum waren Perlen aufgrund ihrer Schönheit und ihrer Seltenheit hochgeschätzt. Der wahrscheinlich älteste bekannte Perlenschmuck ist heute im ägyptischen Museum zu bewundern. Archäologen beziffern das Alter des Schmucks, der einem persischen König als Grabbeigabe mitgegeben wurde, auf 4300 Jahre. Aber wir wissen auch, dass chinesische Kaiser bereits vor 4000 Jahren im Besitz von Perlensträngen waren. Perlen hatten damals in China nicht nur eine hohe materielle, sondern auch eine große mystische und symbolische Bedeutung.

Vor allem im alten Rom schmückten sich die Damen der besseren Gesellschaft gerne mit Perlenschmuck aller Art. Aber im alten Rom konnten es sich auch gutverdienende Freudenmädchen leisten, wie es die damalige Mode vorschrieb, sich eine große Perle ins Ohr zu stecken. Daher sahen sich ehrbare Damen höheren Standes gezwungen, um nicht irrtümlicherweise dem Rotlichtmilieu zugeordnet zu werden, Ohrgehänge aus zwei oder drei Perlen – sogenannte „Respektperlen" – zu tragen.

Etwas übertrieben hat es – folgt man dem römischen Geschichtsschreiber Plinius – Lollia Paulina, die dritte Ehefrau des

Muschel mit Perlen.

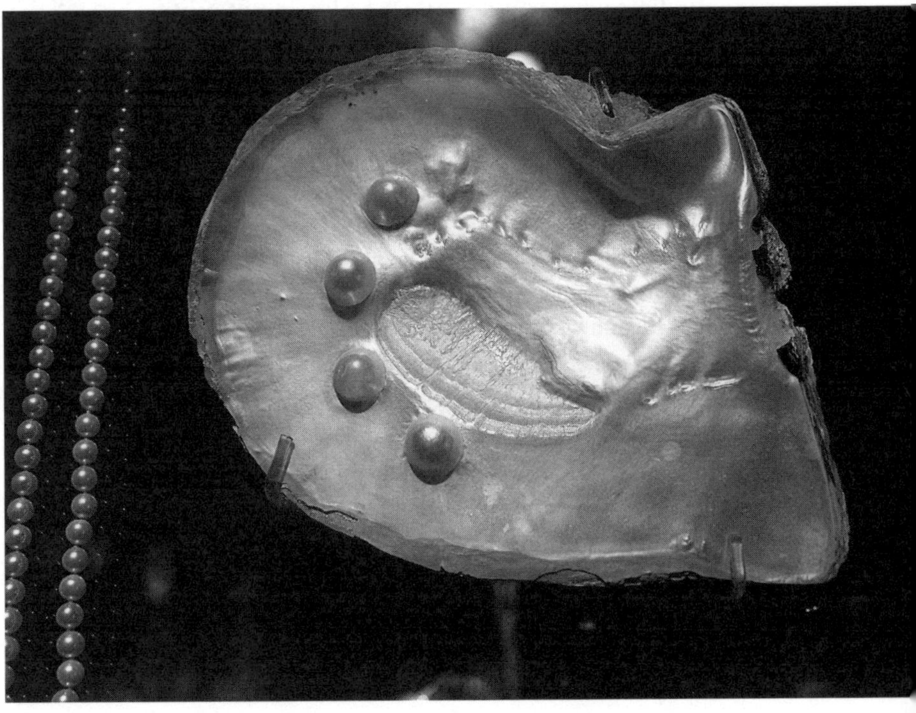

berühmt-berüchtigten Kaisers Caligula, die selbst bei inoffiziellen Anlässen von Kopf bis Fuß mit Edelsteinen und Perlen behängt war und stets die dazu passenden Quittungen diverser Juweliere mit sich führte, um jederzeit beweisen zu können, wie wertvoll ihr Geschmück tatsächlich war.

Im Mittelalter bekamen Perlen zusätzlich noch einen sakralen Charakter und dienten – vor allem durch ihre Erwähnung in der Bibel – Königen und Kaisern zur Demonstration ihrer nicht nur weltlichen Macht. Aber auch als kostbares Heilmittel gegen Krankheiten aller Art nahmen zermahlene Perlen, mit Essig und Kräutern als sogenanntes *aqua perlata* vermischt, bis zur Mitte des 19. Jahrhunderts einen festen Platz in der zeitgenössischen Medizin ein.

Die größte Perle der Welt mit einer Länge von fast 24 Zentimetern und einem Gewicht von 6,4 Kilogramm wurde 1934 auf den Philippinen in einer Riesenmuschel (*Tridacna derasa*) gefunden. Weil die Monsterperle von der Form her an einen Kopf mit Turban erinnert, wurde ihr zunächst von ihrem muslimischen Besitzer der Name „Pearl of Allah" gegeben. Die Perle wurde 1980 auf einer Versteigerung für 200 000 Dollar an einen Juwelier aus Beverly Hills verkauft und ist heute in amerikanischem Besitz. Der aktuelle Schätzpreis der „Pearl of Laotse", wie die Riesenperle heute heißt, liegt zwischen 40 und 60 Millionen Dollar, womit sie nicht nur die größte, sondern auch die teuerste Perle der Welt ist.

Dagegen ist „La Peregrina" neben der sogenannten „Hope-Perle" die wohl berühmteste Perle der Welt. Die Perle von der Größe eines Taubeneis und der Form eines Tropfens kann auf eine mehr als abwechslungsreiche 500-jährige Geschichte zurückblicken. Im 16. Jahrhundert an der Küste Panamas gefunden, wurde sie vom spanischen „Entdecker der Südsee", Vasco Núñez de Balboa, an den spanischen Hof gebracht und in den Kronschatz aufgenommen. Der spanische König Philipp II. machte sie im Jahr 1556 seiner zweiten Frau Mary Tudor, der berüchtigten „blutigen Mary" zum Hochzeitsgeschenk. Im 19. Jahrhundert gelangte die Perle in den Besitz der Familie Bonaparte. 1873 verkaufte Napoleon III. La Peregrina auf seiner Flucht aus Frankreich an den Duke of Abercorn, in dessen Familienbesitz sich die Perle bis zum Jahr 1969 befand, um dann versteigert zu werden. Den Zuschlag erhielt der britische Schauspieler Richard Burton für 37 000 US-Dollar, der die Perle seiner damaligen Frau Elizabeth Taylor zum Geburtstag schenkte. Die Perle bildet heute den Abschluss eines Colliers aus Diamanten, Rubinen und Perlen, das vom Nobeljuwelier Cartier für die berühmte Schauspielerin entworfen und gefertigt wurde.

Um den hohen Bedarf an Perlen decken zu können, versuchte man bereits seit vielen Jahrhunderten, Perlen auf künstlichem Wege herzustellen. Erste Zuchtversuche im Roten Meer fanden bereits im 3. Jahrhundert n. Chr. statt. Wirklich erfolgreich wurden Zuchtperlen erstmalig im 12. Jahrhundert in China produ-

Bewertung von Perlen oder was eine Perle teuer macht

Auch bei Perlen gilt die Faustregel: Je größer, desto teurer. Allerdings steigt der Preis einer Perle nicht linear, sondern stark exponentiell mit dem Durchmesser an. Gemessen wird die Größe üblicherweise in Millimeter als Durchmesser oder als Gewicht in Gran oder Karat, wobei ein Gran einem Viertel Karat bzw. 0,05 Gramm entspricht. Aber auch bei Perlen ist die Größe nicht alles. Eine Perle der Qualitätsstufe „makellos" sollte zum Beispiel perfekt rund und gleichmäßig sein sowie keinerlei Vertiefungen, Erhebungen, Flecken, Kratzer und sonstige Wachstumsfehler aufweisen.

Perlen gehören zu den begehrtesten Schmuckstücken überhaupt.

Die Perlen der Kleopatra

Der römische Universalgelehrte Plinius der Ältere (23 bis 79 n. Chr.) berichtet uns in seinem berühmten Werk *Naturalis historia* in einer hübschen Anekdote von den legendären Perlenohrringen der Kleopatra. So soll die ägyptische Königin einst mit ihrem Geliebten, dem römischen Feldherren Marcus Antonius, gewettet haben, ihm das teuerste Festessen aller Zeiten zubereiten zu können. Als Kleopatra jedoch nichts außer einer Schale Essig servieren ließ, wunderte sich der Feldherr doch sehr, wie die Königin damit die Wette gewinnen wollte. Daraufhin löste Kleopatra einen ihrer Perlenohrringe, die laut Plinius einen Wert von unglaublichen 60 Millionen Sesterzen hatten, eine Summe, für die man damals mehrere tausend Sklaven erwerben konnte, und warf ihn in den Essig. Die Perle löste sich im stark säurehaltigen Essig auf, Kleopatra trank das Perlen-Essig-Gemisch und gewann auf diese Weise die Wette.

ziert. Allerdings dauerte es noch sehr lange, bis es dem Japaner Kokichi Mikimoto nach jahrelangen Versuchen 1921 erstmalig gelang, vollrunde Zuchtperlen herzustellen.

Nur wenige der weltweit bekannten 10 000 Muschelarten eignen sich für die Perlenzucht. Heute werden bei der Zucht im Meerwasser die oft fälschlicherweise als „Perlaustern" bezeichneten Perlmuscheln der Gattung *Pinctada* verwendet. Das Prozedere ist auf den ersten Blick recht simpel: Den in Zucht gehaltenen Perlmuscheln wird ein kleiner aus Perlmutt gedrechselter Kern zusammen mit einem kleinen Stück Epithelgewebe implantiert, der von der Muschel mit Perlmutt überzogen wird. Nach drei bis vier Jahren werden die fertigen Perlen geerntet. Nach der Ernte sterben die Muscheln meist ab.

Aber so einfach gestaltet sich die Perlenzucht doch nicht: Rund ein Drittel aller Perlmuscheln stößt das Implantat wieder ab, 20 Prozent überleben den Eingriff nicht und weitere 10 Prozent sind nicht in der Lage, Perlmutt zu produzieren. Demnach produzieren nur etwa 35 Prozent aller Perlmuscheln überhaupt eine Perle und nur 0,5 Prozent aller Perlen sind vollkommen rund, erreichen also die höchste Qualitätsstufe, die sogenannte AAA-Qualität. Es sind im Schnitt rund 400 Kerneinsetzungen notwendig, um eine einzige perfekte Perle zu erhalten.

Die Farbe einer Perle, die von Weiß über Gelb, von Rosa bis zu Grau reichen kann, ist abhängig von der Art der Perlmuschel, ihrem Lebensraum und der jeweiligen Wassertemperatur. Perlen können aber auf Wunsch in nahezu allen Farben gefärbt werden.

Auch Süßwassermuscheln – beispielsweise die berühmte Biwasee-Muschel – können für die Perlenzucht verwendet werden. Allerdings sind Süßwasserperlen selten rund und weisen meist nicht den schimmernden Glanz auf, der ihre Verwandten aus dem Meer so begehrenswert macht. Dafür sind sie deutlich robuster und bis auf wenige Ausnehmen wesentlich günstiger im Preis. Als „echte Perle" dürfen übrigens nur natürlich entstandene, also keinesfalls gezüchtete Perlen bezeichnet werden.

Literatur

Agnarsson, I., Kuntner, M. & Blackledge, T. (2010): Bioprospecting finds the toughest biological material: extraordinary silk from a giant riverine orb spider. PLoS ONE 5(9), e11234.

APN (2010): Schwere Schäden am Great Barrier Reef durch Havarie. Hamburger Abendpost vom 13.04.2010.

Arndt, I. (2013): Architektier: Baumeister der Natur. Knesebeck Verlag, München.

Arnett, J. R. (1985): American Insects: A handbook of the insects of America north of Mexico. Van Nostrand Reinhold Co, New York.

Australian Transport Safety Bureau (2010): Marine Safety Investigation Report – Preliminary – Independent investigation into the grounding of the Chinese registered bulk carrier Shen Neng 1 at Douglas Shoal, Queensland, on 3 April 2010.

Backwell, P., Jennions, M., Passmore, N. & Christy, J. (1998): Synchronized courtship in fiddler crabs. Nature 391, 31–32.

Baker, E. (1927): The Fauna of British India, Including Ceylon and Burma. Birds 4 (2 ed.). Taylor and Francis, London.

Bayrisches Landesamt für Umwelt (2009): Das Bayerische Bibermanagement. Konflikte vermeiden – Konflikte lösen. Selbstverlag, Augsburg.

Bayrisches Landesamt für Umwelt (2009): Biber in Bayern. Biologie und Management. Selbstverlag, Augsburg.

Becker, C. (2008): Tierparadiese unserer Erde/Savannen. Wissenmedia, Stuttgart.

Bezzel, E. (1996): Vögel. BLV Verlagsgesellschaft, München.

Brady, S. G. (2003): Evolution of the army ant syndrome: The origin and long-term evolutionary stasis of a complex of behavioral and reproductive adaptations. Proceedings of the National Academy of Sciences of the United States of America 100 (11), 6575–6579.

Botz, J., Loudon, C., Barger, J., Bradley, J., Olafsen, J. & Steeples, D. (2003): Effects of slope and particle size on ant locomotion: Implications for choice of substrate by antlions. Journal of the Kansas Entomological Society 76 (3), 426–435.

Burdock, G. (2005): Fenaroli's handbook of flavor ingredients. CRC Press, Boca Raton, Florida.

Burdock, G. (2007): Safety assessment of castoreum extract as a food ingredient. Int. J. Toxicol. 26 (1), 51–55.

Ceballos, G., Pacheco, J. & List, R. (1999): Influence of prairie dogs (Cynomys ludovicianus) on habitat heterogeneity and mammalian diversity in Mexico. Journal of Arid Environments 41 (2), 161–172.

Chance, G. E. (1976): Wonders of Prairie Dogs. Dodd, Mead, and Company, New York, NY.

Covas, R., Huyser, O. & Doutrelant, C. (2004): Pygmy falcon predation of nestlings of their obligate host, the Sociable Weaver. Ostrich 75 (4), 325–326.

CRC Reef Research Centre (2007): Crown-of-thorns starfish (Acanthaster planci) in the central Great Barrier Reef region. Results of fine-scale surveys conducted in 1999–2000. Technical Report No. 32.

Darlington, J. P. E. C. (1984): A method for sampling the populations of large termite nests. Ann. Appl. Biol. 104, 427–436.

de Padova, T. (2006): Warum sind Schneckenhäuser gewunden? Der Tagesspiegel vom 26.04.2006.

de Rivera C. (2005): Long searches for male-defended breeding burrows allow female fiddler crabs Uca crenulata to release larvae on time. Animal Behaviour 70, 289–297.

Davidis, H. & Holle, L. (1913): Praktisches Kochbuch. Zuverlässige und selbstgeprüfte Recepte der gewöhnlichen und feineren Küche. Practische Anweisung zur Bereitung von verschiedenartigen Speisen, kalten und warmen Getränken, Gelees, Gefrornem, Backwerken, sowie zum Einmachen und Trocknen von Früchten, mit besonderer Berücksichtigung der Anfängerinnen und angehenden Hausfrauen. Verlag Velhagen und Klasing, Bielefeld und Leipzig.

De'ath G., Fabricius, K. E., Sweatman,H. & Puotinen, M. (2012): The 27 year decline of coral cover on the Great Barrier Reef and its causes. PNAS 109, 17995–17999.

Didik, P. Ancrenaz, M.; Morrogh-Bernard, H., Utami Atmoko, S., Wich, S. & van Schaik, C. (2009): Nest building in orangutans. In: Wich, S., Utami Atmoko, S. & Mitra Setia, T.: Orangutans: geographic variation in behavioral ecology and conservation. Oxford University Press, 270–275.

Djoshkin, W. & Safonow, W. (1972): Die Biber der Alten und der Neuen Welt. Neue Brehm Bücherei. Ziemsen, Wittenberg-Lutherstadt.

Dolch, D., Heidecke, D., Teubner, J. & Teubner, J. (2002): Der Biber im Land Brandenburg. In: Naturschutz und Landschaftspflege in Brandenburg. Bd. 11, Nr. 4, 220–234.

DPA (2010):Tierische Baumeister. Riesiger Biberdamm ist aus dem Erdorbit zu sehen. Stern.de vom 12.05.2010.

Drösser, C. (2011): Fastenzeit. Die Zeit Nr.11, März 2011.

Eilperin, J. (2012): Great Barrier Reef has lost half its corals since 1985, new study says. The Washington Post vom 1.10.2012.

Endler, A., Endler, C. & Doerr, N. (2010): Great Bowerbirds create theaters with forced perspective when seen by their audience. Current Biology 20 (18), 1679–1684.

Finn, J. K., Tregenza, T. & Norman, M. D. (2009): Defensive tool use in a coconut-carrying octopus. Current Biology 19 (23), 1069–1070.

Foelix, R. (1992): Biologie der Spinnen. Georg Thieme Verlag, Stuttgart, New York.

Fowler, H. G., Silva, V. P. & Saes, N. B. (1986): Population dynamics of leaf-cutting ants: a brief review. In: Lofgren, C. S. & Van der Meer, R. K. (Editors): Fire Ants and Leaf-Cutting Ants: Biology and Management. West-View Press, Boulder, Colorado, 123–145.

Frith, H. J. (1957): Experiments on the control of temperature in the mound of Mallee-fowls. CSIRO Wildlife Research 2, 101–111.

Frith, H. J. (1959): Breeding of the Mallee Fowl, Leipoa ocellata Gould (Megapodiidae). CSIRO Wildlife Research 4, 31–60.

Frith, H. J. (1962): Conservation of the Mallee Fowl, Leipoa ocellata Gould (Megapodiidae). CSIRO Wildlife Research 7, 33–49.

Frith, H. J. (1962): The Mallee-Fowl. Angus & Robertson, Sydney.

Furia, T. (1972): CRC Handbook of Food Additives, Volume 2. CRC Press, Boca Raton, Florida.

Gausset, Q. (2004): Chronicle of a foreseeable tragedy: Birds' nests management in the Niah Caves (Sarawak). Human Ecology 32, 487–506.

Geissmann, T. (2003): Vergleichende Primatologie. Springer, Heidelberg/New York.

Gelineau, K. (2009): Aussie scientists find coconut-carrying octopus. The Associated Press vom 15.12. 2009.

Gepp, J. & Hölzel, H. (1989): Ameisenlöwen und Ameisenjungfern – Myrmeleonidae. Neue Brehm-Bücherei. Bd. 589. Westarp-Wiss., Magdeburg.

Goodfellow, P. (2011): Gefiederte Architekten. Die Kunst des Nestbaus im Vogelreich. Haupt Verlag, Bern, Stuttgart, Wien.

Great Barrier Reef Marine Park Authority (2006): Coral Bleaching and Mass Bleaching Events. Publication of the Great Barrier Reef Marine Park Authority.

Great Barrier Reef Marine Park Authority (2006): Principal water quality influences on Great Barrier Reef ecosystems. Publication of the Great Barrier Reef Marine Park Authority.

Gregorič, M., Agnarsson, I., Blackledge, T. & Kuntner, M. (2011): How did the spider cross the river? Behavioral adaptations for river – bridging webs in Caerostris darwini (Araneae: Araneidae). PLoS ONE 6(10), e26847.

Grzimek, B. (1984): Grzimeks Tierleben. Enzyklopädie des Tierreichs. Jubiläumsausgabe in 13 Bänden. Kindler, Zürich.

Guynup, S. (2000): Australia's Great Barrier Reef. Science World 57(1), 22–23.

Hachtel, W. (1999): Bakterien schützen die Pilzgärten von Blattschneiderameisen. Spektrum der Wissenschaft 9, 14–17.

Hansell, M. (2005): Bird nests and construction behaviour. Cambridge University Press, Cambridge.

Hansell, M. (2007):Built by animals: the natural history of animal architecture. Oxford University Press, Oxford.

Hare, J., Campbell, K. & Senkiw, R. (2014): Catch the wave: prairie dogs assess neighbours' awareness using contagious displays. Proceedings of the Royal Society of London B 281. doi 10.1098/rspb.2013.2153.

Harrap, S. & Quinn, D. (1995): Chickadees, Tits, Nuthatches and Treecreepers. Princeton University Press, Princeton/New Jersey.

Harrison, C., Castell, P. & Hoerschelmann, H. (2004): Jungvögel, Eier und Nester der Vögel Europas, Nordafrikas und des Mittleren Ostens. Aula Verlag, Wiebelsheim.

Hägglund, Å. & Sjöberg, G. (1999): Effects of beaver dams on the fish fauna of forest streams. Forest Ecology and Management 115, 259–266.

Helgen, K. (2005): Family Castoridae. In: Wilson, D. E. & Reeder, D. M. Mammal Species of the World (3rd ed.). Johns Hopkins University Press, 842–843.

Hirt, A. (1809): Die Baukunst nach den Grundsätzen der Alten. Realschulbuchhandlung, Berlin.

Hobbs, J. (2004): Problems in the harvest of edible birds' nests in Sarawak and Sabah, Malaysian Borneo. Biodiversity and Conservation 13, 2209–2226.

Hölldobler, B. & Wilson., E. (2001): Ameisen. Die Entdeckung einer faszinierenden Welt. Piper, München.

Hölldobler, B. & Wilson, E. (2011): Blattschneiderameisen – der perfekte Superorganismus. Springer, Berlin, Heidelberg.

Hood, M. (2004): The small hive beetle, Aethina tumida: a review. Bee World 85 (3), 51–59.

Hoogland, J. (1995): The Black-Tailed Prairie Dog. Social life of a burrowing mammal. University of Chicago Press, Chicago.

Hunter, E. M. & Davis, S. L. (1998): Female Adélie Penguins acquire nest material from extrapair males after engaging in extrapair copulations. The Auk 115 (2), 526–528.

Hurt, R. (1996): The Ohio Frontier: Crucible of the Old Northwest, 1720–1830. Bloomington, Indiana University Press.

Hoogland, J. (1996): Cynomys ludovicianus. Mammalian Species 535, 1–10.

Immelmann, K. & Böhner, J. (1984): Beobachtungen am Thermometerhuhn (Leipoa ocellata) in Australien. Journal für Ornithologie 125 (2), 141–155.

James, D. A. & Kannan, R. (2007): Wild Great Hornbills (Buceros bicornis) do not use mud to seal nest cavities. Wilson Journal of Ornithology 119 (1), 118–121.

Jones, D., Dekker, R. & Roselaar, C. (1995): The Megapodes. Oxford University Press, Oxford.

Kamphuis, A. (2012): Tierparadiese unserer Erde/Wüsten. Wissenmedia, Stuttgart.

Kannan, R. & James, D. (1997): Breeding biology of the Great Pied Hornbill (Buceros bicornis) in the Anaimalai Hills of southern India. J. Bombay Nat. Hist. Soc. 94 (3), 451–465.

Kelley, L. & Endler, J. (2012): Illusions promote mating success in Great Bowerbirds. Science 335, 335–338.

Klausnitzer, B. (1997): Trichoptera, Köcherfliegen. In: Westheide, Rieger (Hrsg.): Spezielle Zoologie Teil 1: Einzeller und Wirbellose Tiere. Gustav Fischer Verlag, Stuttgart/Jena.

Korb, J. (2003): Thermoregulation and ventilation of termite mounds. Naturwissenschaften 90, 212–219.

Korb, J. (2011): Termite mound architecture, from function to construction. In:. Bignell, D. E., Roisin, Y. & Lo, N. T. (Hrsg.): Biology of Termites: a modern synthesis. Springer, Berlin, Heidelberg, New York.

Krünitz, J., Floerken, F., Flörke, F. Korth, J. & Hoffmann, C. (1858): Oekonomische Encyklopädie. J. Pauli, Berlin.

Kuntner, M. & Agnarsson, I. (2010): Web gigantism in Darwin's bark spider, a new species from Madagascar (Araneidae: Caerostris). The Journal of Arachnology 38, 346–356.

Lamb, J. B. & Willis, B. L. (2011): Using coral disease prevalence to assess the effects of concentrating tourism activities on offshore reefs in a tropical marine park. Conservation Biology 25 (5), 1044–1052.

Landesanstalt für Umwelt Baden-Württemberg (2000): Köcherfliegen: Baukünstler und Bioindikatoren unserer Gewässer. LUBW Arbeitsblätter 25.

Landesbund für Vogelschutz Bayern (2009): Gemeinsam unter einem Dach: Mensch, Turmfalke, Dohle. Ratgeber zum Artenschutz in Gebäuden und in der Stadt. Informationsbroschüre des LBV Bayern, Kreisgruppe München.

Landman, N. H. & Mikkelsen, P. (2001): Pearls: A Natural History, Harry N. Abrams, New York.

Landmann, A. (1996): Der Hausrotschwanz. AULA-Verlag, Wiesbaden.

Lepage, M. G. & Darlington, J. P. E. C. (2000): Population Dynamics of Termites. In: Abe, T., Bignell, D. E. & Higash, M. (Hrsg.): Termites: Evolution, Sociality, Symbioses, Ecology. Kluwer Academic publishers, Dordrecht.

Lewis, M. & Clark., W. (2003): Tagebuch der ersten Expedition zu den Quellen des Missouri, sodann über die Rocky Mountains zur Mündung des Columbia in den Pazifik und zurück, vollbracht in den Jahren 1804–1806. Ausgewählt und übersetzt von Friedhelm Rathjen. Zweitausendeins Verlag, Frankfurt am Main.

Lipowsky, F. (1833): Leben und Thaten des Maximilian Joseph III. Giel, München.

Littman, R., Willis, B. & Bourne, D. (2011): Metagenomic analysis of the coral holobiont during a natural bleaching event on the Great Barrier Reef. Environmental Microbiology Reports 3 (6), 651–660.

Long, K. (2002): Prairie Dogs: A Wildlife Handbook. Johnson Books, Boulder, Colorado.

Ludwig, M. (2008): Unglaubliche Geschichten aus dem Tierreich. BLV Verlag, München.

Ludwig, M. (2010): Invasion. Wie fremde Tiere und Pflanzen unsere Welt erobern. Ulmer, Stuttgart.

Ludwig, M. (2011): Natur erleben. Monat für Monat. BLV Verlag, München.

Ludwig, M. & Gebhardt, H. (2007): Küsse, Kämpfe, Kapriolen. Sex im Tierreich. BLV Verlag, München.

Ludwig, M. & Dempewolf, E. (2009): Papa ist schwanger. BLV Verlag, München.

Madden, J. R., Dingle, C., Isden J., Sparfeld, J., Goldizen, A. W. & Endler, J. A. (2012): Male spotted bowerbirds propagate fruit for use in their sexual display. Current Biology 22 (8), 264–265. doi: 10.1016/j.cub.2012.02.057.

Maierbrugger, A. (2013): Vietnam seeks investors for edible bird's nest industry. Inside Investor vom 20.8.2013.

Mansell, W. (1999): Evolution and success of antlions (Neuropterida: Neuroptera, Myrmeleontidae), Stapfia 60, 49–58.

Marcone, M. (2005): Characterization of the edible bird's nest „The Caviar of the East". Food Research International 38, 1125–1134.

May, P., Newman, P., Fuster, J. & Hirschman, A. (1976): Woodpeckers and head injury. The Lancet 207 (7957), 454–455.

Mayor, A. (2003): Greek Fire, Poison Arrows and Scorpion Bombs. Overlook Hardcover, New York.

McGowan, A., Sharp, S. P. & Hatchwell, B. J. (2004): The structure and function of nests of Long-Tailed Tits Aegithalos caudatus. Functional Ecology 4, 578–583.

McKie, R. (2012): Sexual depravity of penguins that Antarctic scientist dared not reveal. The Guardian vom 09.06.2012.

Mendelsohn, J. & Anderson, M. (1997): Sociable Weaver Philetairus socius. In: Harrison, J. A., Allan, D. G., Underhill, L. G., Herremans, M., Tree, A. J., Parker, V. & Brow, C. J. The Atlas of Southern African Birds, Johannesburg, 534–535.

Milner, R., Jennions, M. & Backwell, P. (2012): Keeping up appearances: male fiddler crabs wave faster in a crowd. Biolocial letters 8 (2), 176–178.

Mlot, N. J., Tovey, C. A. & Hu, D. L. (2011): Fire ants self-assemble into waterproof rafts to survive floods. Proceedings of the National Academy of Sciences of the United States of America 108, 7669–7673.

Moore, J. M. & Picker, M. D. (1991): Heuweltjies (Earth Mounds) in the Clanwilliam District, Cape-Province, South-Africa – 4000-Year-Old Termite Nests. In: Oecologia 86, 424–432.

Moreira, A., Forti, L., Andrade, A., Boaretto, M. & Lopes, J. (2004): Nest Architecture of Atta laevigata (F. Smith, 1858) (Hymenoptera: Formicidae). Studies on Neotropical Fauna and Environment 39, 109–116.

Moreno, J., Soler, M., Møller, A. & Linden, M. (1994): The function of stone carrying in the black wheatear, Oenanthe leucura. Animal Behaviour 47, 1297–1309.

Müller-Schwarze, D. & Houlihan, P. (1991): Pheromonal activity of single castoreum constituents in beaver, Castor canadensis. Journal of Chemical Ecology 17 (4), 715–734.

Müller-Schwarze, D. & Sun, L. (2003): The Beaver: Natural History of a Wetlands Engineer. Cornell University Press.

NABU (2002): Bienen, Wespen und Hornissen. Kein Grund zur Panik! NABU-Broschüre, Bonn.

Nadis, S. (2006): Hard-hitting endeavour captures Ig Nobel. Nature 443, 616–617.

Neumann, P. & Elzen, P. (2004): The biology of the small hive beetle (Aethina tumida, Coleoptera: Nitidulidae): Gaps in our knowledge of an invasive species. Apidologie 35, 229–247.

Noever, R., Cronise, J. & Relwani, R. A. (1995): Using spider – web patterns to determine toxicity. NASA Tech. Briefs 19 (4), 82.

Nolet, B. A. & Rosell, F. (1998): Come back of the beaver Castor fiber: an overview of old and new conservation problems. Biological Conservation 83, 165–173.

Oelrich, C. (2014): Killer-Seesterne bedrohen das Great Barrier Reef. Die WELT vom 20.03.2014.

Piper, R. (2007): Extraordinary Animals: An Encyclopedia of Curious and Unusual Animals. Greenwood Press, London.

Pirk C. W. W., Hepburn H. R., Radloff, S. E. & Tautz, J. (2004):Honeybee combs: construction through a liquid equilibrium process? Naturwissenschaften 91, 350–353.

Pollock, M., Pess, G. & Beechie, T. (2004): The Importance of Beaver Ponds to Coho Salmon Production in the Stillaguamish River Basin, Washington, USA. North American Journal of Fisheries Management 24, 749–760.

Poulsen, H. (1970): Nesting Behaviour of the Black-Casqued Hornbill Ceratogymna atrata (Temm.) and the Great Hornbill Buceros bicornis L. Ornis Scandinavica 1 (1), 11–15.

Pruetz, J. D. & Bertolani, P. (2007): Savanna Chimpanzees, Pan troglodytes verus, Hunt with Tools. In: Current Biology 17 (5), 412–417.

Richardson, F. (2008): Breeding and feeding habits of the black wheatear Oenanthe leucura in southern spain. Ibis107 (1), 1–16.

Richter, D. (1992): The Ordeal of the Longhouse: The Peoples of the Iroquois League in the Era of European Colonization. The University of North Carolina Press, Chapel Hill.

Ripberger, R. & Hutter, C. P. (1997): Schützt die Hornissen. Weitbrecht Verlag, Stuttgart.

Rivera Posada, J. A., Pratchett, M. & Owens, L. (2011): Injection of Acanthaster planci with thiosulfate-citrate-bile-sucrose agar (TCBS). II. Histopathological changes. Diseases of Aquatic Organisms 97 (2), 95–102.

Rivera-Posada, J. A., Caballes, C. F. & Pratchett, M. S. (2013): Lethal doses of Oxbile, peptones and thiosulfate-citrate-bile-sucrose agar (TCBS) for Acanthaster planci, exploring alternative population control options. Marine Pollution Bulletin 75, 133–139.

Röthlein, B. (2013): Künstliche Spinnenseide ist belastbarer als Stahl. Die WELT vom 29.05.2013.

Rudolph, D. C., Conner, R. N. & Turner, J. (1990): Competition for red-cockaded woodpecker roost and nest cavities:effects of resin age and entrance diameter. Wilson Bull. 10, 23–36.

Russell, D. G. D., Sladen, W. J. L. & Ainley D. G. (2012). Dr. George Murray Levick (1876–1956): Unpublished notes on the sexual habits of the Adélie penguin". Polar Record 48 (4), 397–393.

Samson, D. & Hunt, K. D. (2014): Chimpanzees preferentially select sleeping platform construction tree species with biomechanical properties that yield stable, firm, but compliant nests. PLoS ONE 9(4): e95361. doi:10.1371/journal.pone.0095361.

Schandri, M. (1924): Regensburger Kochbuch. 2000 Original-Kochrezepte auf Grund vierzigjähriger Erfahrung zunächst für die bürgerliche Küche gänzlich umgearbeitet und herausgegeben von Auguste Eser, geb. Coppenrath. Mit Anhang: I. Die vollständige Fastenküche, oder praktische Anleitung zur Zubereitung von Fastenspeisen. II. Die Einmachkunst. 69. Aufl. Coppenrath Verlag, Regensburg.

Schipper, W. (2007): Montecassino 132 and the Early Transmission of Hrabanus Maurus' De Rerum naturis. Archa Verbi 4, 103–126.

Schmidt, H. (2003): Termiten. 3. Auflage. Westarp Wissenschaften, Hohenwarsleben.

Schoenian, I., Spiteller, M., Ghaste, M., Wirth, R., Herz, H. & Spiteller, D. (2011): Chemical basis of the synergism and antagonism in microbial communities in the nests of leaf-cutting ants. Proc Natl Acad Sci 108 (5), 1955–60.

Schornsteinfegerinnung für den Regierungsbezirk Düsseldorf (2009): Lebensgefahr! Dohlennester in Schornsteinen. Pressemitteilung vom 09.04.2009.

Schwab, G. & Schmidbauer, M. (2003): Beaver (Castor fiber L., Castoridae) management in Bavaria. Denisia 9, 99–106.

Shimizu, K., Iijima, M., Setiamarga, D., Sarashina, I., Kudoh, T., Asami T., Gittenberger, E. & Endo, K. (2013): Left-right asymmetric expression of dpp in the mantle of gastropods correlates with asymmetric shell coiling. EvoDevo 4 (15), 1–7.

Sima, P. (1990). Evolution of immune reactions. CRC Press, Boca Raton, Florida.

Six, A. (2007): Riesen der Sümpfe. Neue Zürcher Zeitung vom 07.10.2007.

Slobodchikoff, C. N. (2002): Cognition and Communication in Prairie Dogs. In: Beckoff, C. A. & Burghardt, G. M. (eds). The Cognitive Animal, M. A Bradford Book, Cambridge.

Stokes, T., Dobbs, K., Mantel, P. & Pierce, S. (2004): Fauna and Flora of the Great Barrier Reef World Heritage Area. Great Barrier Reef Marine Park Authority.

St. Thomas Aquinas (1920): The Summa Theologica. Second and Revised Edition, Literally translated by Fathers of the English Dominican Province. Online Edition.

Suarez-Rodriguez, M., Lopez-Rull, I., & Macias Garcia, C. (2012): Incorporation of cigarette butts into nests reduces nest ectoparasite load in urban birds: new ingredients for an old recipe? Biology Letters 9 (1), doi:10.1098/rsbl.2012.0931.

Tarr, H. E. (1965): The Mallee-Fowl in Wyperfield National Park. Australian Bird Watcher 2, 140–144.

Tautz, J. (2007): Phänomen Honigbiene. Springer Spektrum, Heidelberg.

Texas A. & University, M. (2007): Enormous spider web found in Texas. ScienceDaily vom 13.09.2007.

Tiwari, J. K. & Anupama (2006): Nest structure variation in Common Tailorbird Orthotomus sutorius in Kutch, Gujarat. Indian Birds 2 (1), 15.

Ueberschaer, K. & Ziegler, C. (1999): Blattschneiderameisen. Der Triumph des Kollektivs. GEO Wissen Nr. 25 (Regenwald), 30–39.

van Casteren, A., Sellers, W., Thorpe, S., Coward, S., Crompton, R., Myatt, J. & Ennos, A. (2012): Nest-building orangutans demonstrate engineering know-how to produce safe, comfortable beds. PNAS 2012: 1200902109v1-201200902.

van der Westhuizen, G. & Eicker, A. (1991): The 'omajowa' or 'termitenpilz' termitomyces sp. (agaricales) of Namibia. South African Journal of Botany 57 (1), 67–70.

Varnhorn, B. (2008): Tierparadiese unserer Erde/Regenwälder. Wissenmedia, Stuttgart.

Venter, A. (2012): The inimitable omajowa, Namibias giant, wild, edible mushroom. Travel News Namibia vom 21.12.2012.

Viering, K. & Knauer, R. (2009): Bionik. Berlin Verlag, Berlin.

Weinberg, B. A. & Bealer, B. K. (2001): The world of caffeine: the science and culture of the world's most popular drug. Routledge, London.

Weinzierl, H. (2003): Biber: Baumeister der Wildnis. Bund Naturschutz Service GmbH, Lauf an der Pegnitz.

Whitehouse, M. & Jaffe, K. (1996): Ant wars: combat strategy, territory and nest defence in leaf cutting ant Atta laevigata. Animal Behavior 51, 1207–1217.

Witte, G. (1997): Der Maulwurf: Talpa europaea. Die neue Brehm-Bücherei, 637, Westarp Wissenschaften, Magdeburg.

Wood, T. G. & Thomas, R. J. (2012): The mutualistic association between Macrotermitinae and Termitomyces. Insect-Fungus Interactions. Symposium of the Royal Entomological Society 14, Academic Press, Waltham, Massachusetts.

Wolff, C. (2001): Maulwurf. Talpa europea. In: BSH Ökoportrait 32. Hrsg: Naturschutzverband Niedersachsen, Biologische Schutzgemeinschaft Hunte, Weser-Ems.

Wright, C. M., Holbrook, C. T. & Pruitt, J. N. (2014): Animal personality aligns task specialization and task proficiency in a spider society. Proceedings of the National Academy of Sciences of the United States of America. 111 (26), 9533–9537.

Yoon, S. & Park, S. (2011): A mechanical analysis of woodpecker drumming and its application to shock-absorbing systems. Bioinspirations & Biomimetics 6, 016003, doi: 10.1088/1748-3182/6/1/016003.

Zahner, V., Schmidbauer, M. & Schwab, G. (2005): Der Biber. Die Rückkehr der Burgherren. Buch- und Kunstverlag Oberpfalz, Amberg.

Internetquellen

http://www.bibermanagement.de

www.energieleben.at/eastgate-centre-bionische-architektur

http://www.hornissenschutz.de/kompakt.htm

http://www.museum.vic.gov.au/forest/animals/bowerbird.html

www.reptilepark.com.au

http://www.spiegel.de/wissenschaft/natur/artenvielfalt-biber-in-deutschland-wieder auf-dem-vormarsch-a-890433.html

http://www.weichtiere.at

http://www.wikipedia.com

Bildnachweis

Register